餐飲專家
白種元的
54道絕品
家常菜

致……………………………………………………

……………………………………………………

……………………………………………………

……………………………………………………敬上

【韓文版工作人員】
設計　박수진
攝影　김철환（料理），장봉영（人物）
造型　김상영，최지현，이빛나리（noda+ 쿠킹스튜디오 02-3444-9634）
器皿贊助　다이닝오브제（www.diningobjet.com 1666-6745）

餐飲專家白種元的54道絕品家常菜

2016年8月1日初版第一刷發行

作　　者　白種元
譯　　者　馬毓玲
編　　輯　曾羽辰
發 行 人　齋木祥行
發 行 所　台灣東販股份有限公司
　　　　　＜地址＞台北市南京東路4段130號2F-1
　　　　　＜電話＞(02)2577-8878
　　　　　＜傳真＞(02)2577-8896
　　　　　＜網址＞www.tohan.com.tw
郵撥帳號　1405049-4
新聞局登記字號　局版臺業字第4680號
法律顧問　蕭雄淋律師
總 經 銷　聯合發行股份有限公司
　　　　　＜電話＞(02)2917-8022
香港總代理　萬里機構出版有限公司
　　　　　＜電話＞2564-7511
　　　　　＜傳真＞2565-5539

Printed in Taiwan.

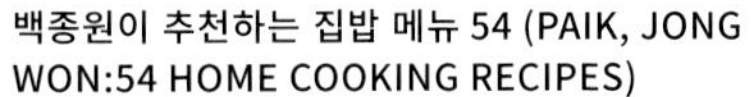

國家圖書館出版品預行編目資料

餐飲專家白種元的 54 道絕品家常菜 / 白種元著；馬毓玲譯. -- 初版. -- 臺北市：臺灣東販，2016.08
156 面；19×26 公分
ISBN 978-986-475-065-8(平裝)

1. 食譜 2. 韓國

427.132　　105009116

餐飲專家
白種元的
54道絕品
家常菜

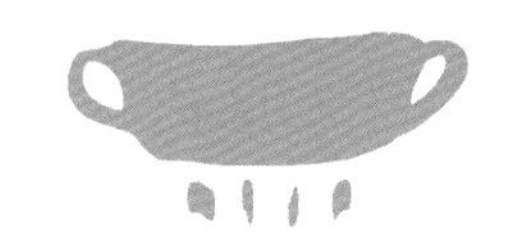

白種元 著

馬毓玲 譯

Prologue

繼之前推出專為初學者設計，輕鬆跟著做就能完成料理的烹飪食譜書《餐飲專家白種元首選推薦道地韓國料理52道》，這次我推出了第二本食譜《餐飲專家白種元的54道絕品家常菜》。當我知道有越來越多讀者，在看過我將過去遇過的料理問題集結而成的食譜，開始嘗試在家親手煮出一道道家常菜時，心中的成就感油然而生。

在我剛開始要開餐廳時，因為苦無資訊，只好買了許多食譜努力學習。我還記得當時照著食譜製作，但是最後的成品卻總是不太好吃，每次的結果都叫我失望。後來又經過一番努力鑽研，我才知道並不是這些食譜有什麼問題，而是因為調味料下得不夠，所以造成煮出來的料理味道不足。也因此，當我要推出料理食譜書時，我就希望能夠用不同的角度來切入。首先，若要讓人感到「料理好吃」，那就要懂得「調味」才行。可是所謂的「調味」，卻又是因人而異，哪怕只是吃一碗雪濃湯，每個人加入的鹽巴量也不同。所以我選擇以加強調味作為基準，而非眾人平均之口味。「味道雖然重了一點，但只要這樣做就可以煮出一道美味料理」與「不好吃，我果然沒有做菜的天分」這兩種想法，說起來可是天差地遠。我對本書的期望，並不是要讓那些不擅長料理的人再次感到挫折，而是可以幫助所有人體會料理樂趣，並從中產生自信，所以在本書所收錄的食譜基本調味較重，讀者只需要依照自己的口味予以斟酌調整即可。

我非常希望能有越來越多人能在家親自下廚，去感受料理的樂趣，同時促進家庭的和睦，不過透過料理能體會到的並不光是這些。當您親自下廚，自然會對料理者心生感謝，並且懷抱敬意，而且就算同樣是外食者，有下廚經驗與沒下廚經驗的人所體會到的感受也絕對不同。相對地，餐廳老闆若接待到越多尊重料理人的顧客，也會更捨得使用上等食材，並更花心思料理。我真心希望在家下廚的熱潮也能為韓國外食文化帶來一些小改變，並期望在家下廚的風潮和外食業都能一起發展與成長，最終促使消費者品嚐到更棒的料理，因此我秉持著這樣的信念推出這本食譜書。

我一直都認為，這一路上許多為我下廚料理者的誠意、陪我一起用餐者的溫暖，還有一直守護著我並為我加油者的熱情，才能造就今日的我，在此我也要再次向各位致上我真誠的謝意。

白種元

料理的基本功

1.學會分辨一般醬油與湯用醬油！

VS

* 一般醬油是甜味和鮮味較高的醬油，湯用醬油則是不具甜味，但更加鹹香的醬油。
* 一般醬油也被稱為釀造醬油，多使用於涼拌菜或醬燒類料理。
* 湯用醬油也被稱為朝鮮醬油，是藉由鹽巴加入大醬以後發酵而成的醬料，
  主要使用於各式清湯、燉湯、蔬菜的調味或提香。
* 料理時，可依個人喜好將一般醬油與湯用醬油以2：1或3：1的比例調和後使用。
* 不管使用何種醬油，當醬油入菜以後，湯品的顏色就會變成褐色，
  若希望湯品維持清澈的顏色，就要使用少量的醬油，並以鹽巴來調味。

2.使用前先瞭解兩種辣椒粉的運用方法！

* 將乾燥辣椒研磨出來的辣椒粉有兩種，
  一種是顆粒粗大的粗辣椒粉，
  另一種則是顆粒細緻的細辣椒粉。
* 若想完美呈現料理的顏色，建議使用細辣椒粉，
  但若想在視覺上強調出泡菜或燉湯的美味，
  則建議使用粗辣椒粉為佳。
* 如果不方便同時購得這兩種辣椒粉，
  料理時擇一使用即可。

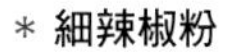

＊ 細辣椒粉

＊ 粗辣椒粉

3.備妥基本調味料！

＊傳統大醬

＊辣椒醬

＊大醬

＊一般醬油

＊湯用醬油

＊鹽

＊細辣椒粉

＊粗辣椒粉

＊黃砂糖

＊胡椒粉

＊芝麻

＊芝麻鹽

＊醋

＊香油

＊芝麻油

＊食用油

＊咖哩粉

＊蝦醬

＊太白粉

＊酥炸粉

＊煎餅粉

＊麵包粉

＊麵粉

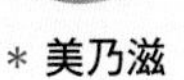

＊美乃滋

＊番茄醬

＊伍斯特醬

＊洋蔥

＊奶油

＊咖哩塊

＊蒜泥

＊大蒜

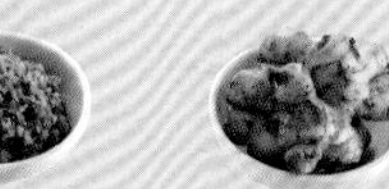

＊薑末

＊生薑

＊大蔥

＊蔥

＊青辣椒

＊紅辣椒

＊青陽辣椒

＊乾辣椒

4.活用各種道具！

＊刨絲器　＊飯碗　＊湯碗

＊寬口鍋　＊深鍋　＊剪刀

*刨絲器　可將較粗的食材刨成一定的粗細。像炒馬鈴薯絲這樣的料理，其料理失敗的原因多半是由於食材粗細不一，導致煎熟時間不同所造成，如果您對自己的刀工沒有自信，就可以利用刨絲器來輔助。使用刨絲器時，手部要出力按壓食材，這樣刨出來的細絲才會好看。

*飯碗　在料理咖哩飯或蓋飯料理時，使用飯碗或深度較淺的湯碗為佳。只要將飯碗裝滿米飯，再倒扣在盤子上，就能輕鬆將飯盛出漂亮的模樣。

*湯碗　煮湯的時候，如果不太能掌握分量，可以利用湯碗來計算需要放入幾碗水，配合湯料的多寡算出正確的量。

*寬口鍋　在料理像蕨菜這種需要快速收乾水分的蔬菜，或是白帶魚這種較薄的海鮮食材時，就適合使用能加快水分蒸發速度的寬口鍋。

*深鍋　烹調醬燒鯖魚或醬燒蓮藕時，由於需要維持食材水分並久燉食材，就會使用水分蒸發速度較慢的深鍋。

*剪刀　請拋開切食材一定要用刀子的刻板觀念。當我們在煎泡菜煎餅時，若使用剪刀來剪放在缽盆裡的泡菜，就不需要準備刀具和砧板，也能輕鬆完成料理。只要是稍做切割即可的食材，都可以利用剪刀來完成。

本書所使用的計量方法

本書使用吃飯用的湯匙與紙杯來作計量單位。
1大匙指的是舀滿的1湯匙，
1杯相當於紙杯1杯，約為180ml。
所有調味料皆可依照個人喜好予以增減。

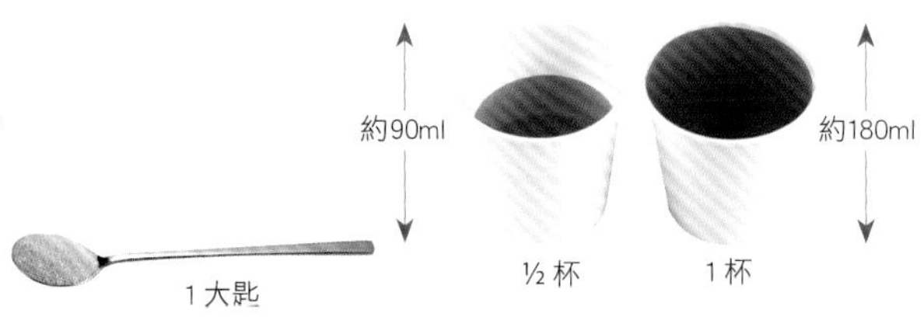

5.其他料理秘訣

上市場為第一步，
其次為陳列食材，
最後一步則是進行料理。

洗米時，可將第二次或第三次的
洗米水留下，在燉煮湯品或鍋類，
以及拌炒蔬菜時，
代替一般開水來使用。
由於洗米水裡含有澱粉，
可融合各種味道，
使料理更具風味。

把之前對於料理
樣貌與味道的成見丟掉吧！
咖哩內的馬鈴薯
一定要是塊狀嗎？
使用罐頭海鮮難道就
做不出高級的風味嗎？

請親自嚐看看，
並感受、想像
料理的味道。

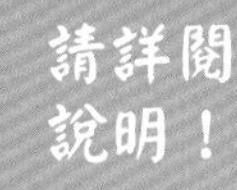

不要小看拉麵這項食品，
速食食品的食材說明，
其實包含許多出乎意料的資訊。
當你在使用速食食品時，
不妨多看看包裝上的說明。

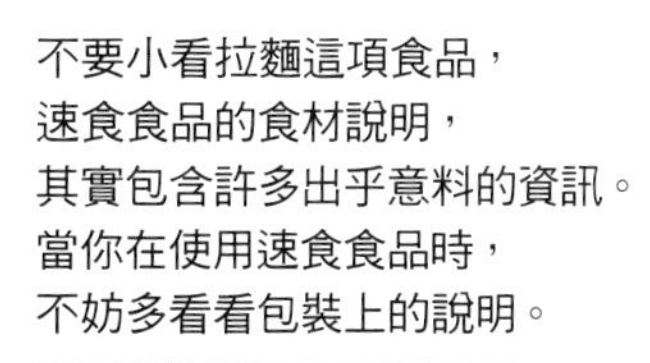

目錄

J.W Paik
ORIGINAL KOREAN TASTE

目錄

第1章

使用萬能醬油製作的速成小菜

只要懂得活用萬能醬油，
一整年的小菜都能輕鬆解決！

茄子或茼蒿、高麗菜等新鮮蔬菜，於食用前再進行調理的滋味最為可口好吃。以下介紹幾道利用萬能醬油與新鮮時蔬，即可在5～10分鐘內完成的超簡單、超快速料理方法。

萬能醬油 大公開

Point

以一般醬油、絞肉、砂糖所組成，
萬能醬油不僅美味，製作方法也很簡單。
做好的萬能醬油，
只要放入冰箱冷藏保存，就能隨時取出，
並用來製作各種熱炒或醬燒料理。
只要有了這個萬能醬油，
就能在短時間內做出各種美味菜餚。

1.準備食材

一般醬油：豬絞肉：黃砂糖 = 6：3：1

* 這裡所使用的醬油必須是一般醬油或釀造醬油。湯用醬油、朝鮮醬油與傳統醬油的鹹度高，味道較不鮮甜，所以不建議使用。
* 醬油與絞肉的比例雖然取2：1，但可以依照個人喜好調整為1：1。絞肉亦可使用雞肉或牛肉。

2.製作萬能醬油

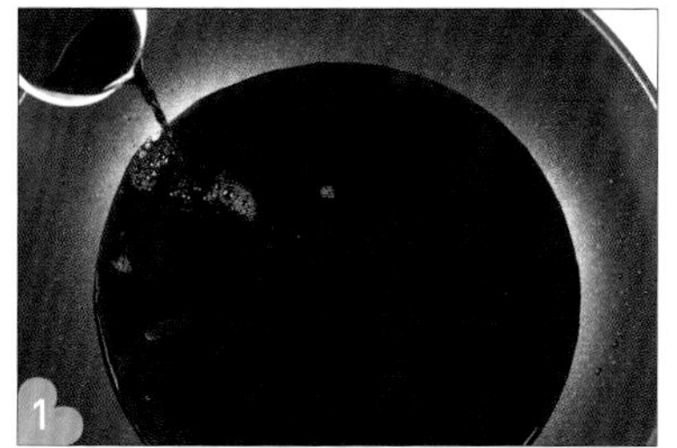

於鍋裡倒入6杯一般醬油。

倒入3杯豬絞肉。

倒入1杯黃砂糖。

開火以前，先將絞肉與砂糖攪開拌勻。

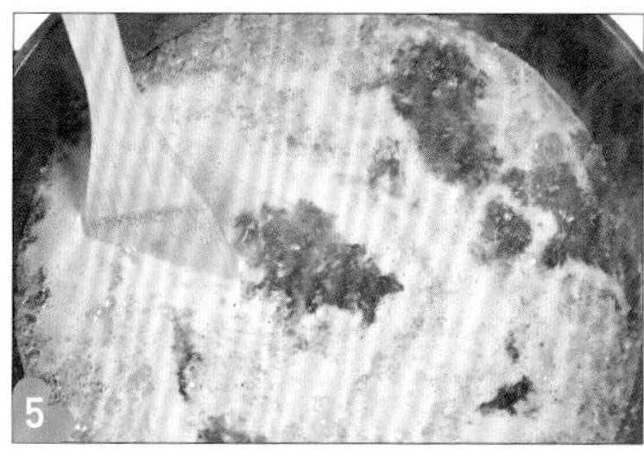

開中火，一邊燉煮並一邊攪動醬油，等到醬油煮滾以後，再繼續煮5分鐘即可。

燉煮完畢以後，即可關火使醬油冷卻。如果不喜歡醬油上頭浮起的脂肪，可撈起去除。

3.萬能醬油的保存方法

* 煮好的萬能醬油於室溫下冷卻以後，即可倒入消毒過的玻璃瓶，或是裝小菜的容器，並放入冰箱冷藏保存。
* 冷藏保存期限為15～30天左右。
* 煮好的萬能醬油冷藏保存一週後，需取出再煮滾一次為佳。
* 再次煮滾的萬能醬油在冷卻後，一定要放入乾淨的容器裡，不可放入原本使用但未清洗的容器。

炒茄子

Point 茄子一經加熱就會出水，味道也會因此瞬間變差。
在烹調這種水分含量高的蔬菜時，以大火熱炒或是煎烤的方式，
會比蒸煮還能保持蔬菜本身的口感與滋味。

茄子 ················ 2個（200g）
大蔥 ················ 2大匙（14g）
青陽辣椒 ············ 1根（10g）
萬能醬油 ············ ¼杯（50g）
食用油 ·············· 4大匙

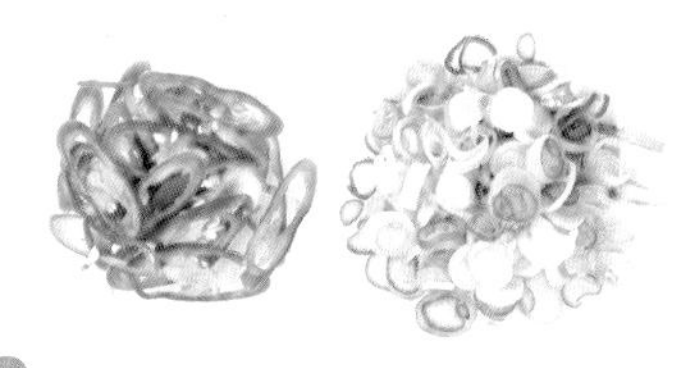

青陽辣椒斜切成0.5cm厚的薄片，大蔥切成0.3cm厚的蔥末。

茄子去蒂，並盡量切至尾端。

去蒂後的茄子縱切成半後，再斜切成0.5cm厚的小塊。

將大蔥與食用油倒入寬口鍋，用大火將大蔥拌炒至呈金黃色。

當大蔥呈現金黃色時，倒入茄子拌炒。

當茄子炒至半熟時，倒入青陽辣椒一起拌炒。

將萬能醬油以繞圈的方式平均倒入鍋中。

醬油均勻滲入茄子後，快速拌炒幾下即可完成。

白老師的tip

蔥油是能更加提引出萬能醬油風味的祕密武器，所以在使用萬能醬油拌炒料理時，一定要先逼出蔥油再開始料理主食材。由於茄子能夠迅速吸收調味料，因此切勿一口氣加入醬油，而是要慢慢地、均勻地繞圈倒入。

炒櫛瓜

Point 雖然一般會用蝦醬加上櫛瓜一起拌炒，
不過改成加入萬能醬油拌炒，又能吃出不一樣的清爽美味。

材料（4人份）

櫛瓜 ················ 1條（320g）
大蔥 ··············· 2大匙（14g）
萬能醬油 ·········· ⅕杯（40g）
蒜泥 ························ ½大匙
食用油 ····················· 3大匙
芝麻 ························ ½大匙

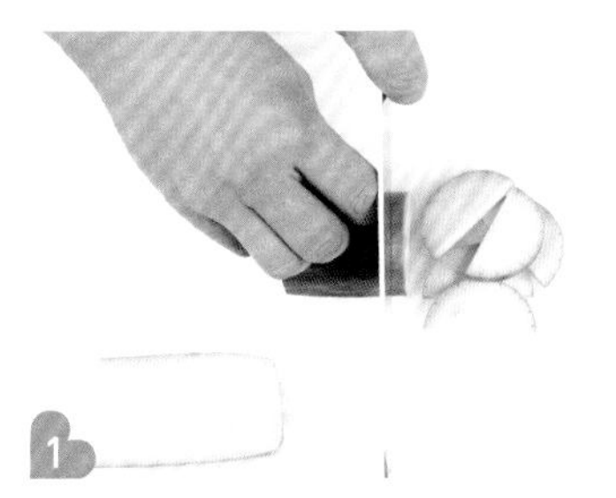

1 櫛瓜縱切成半後，再切成0.5cm厚的半月型小塊。

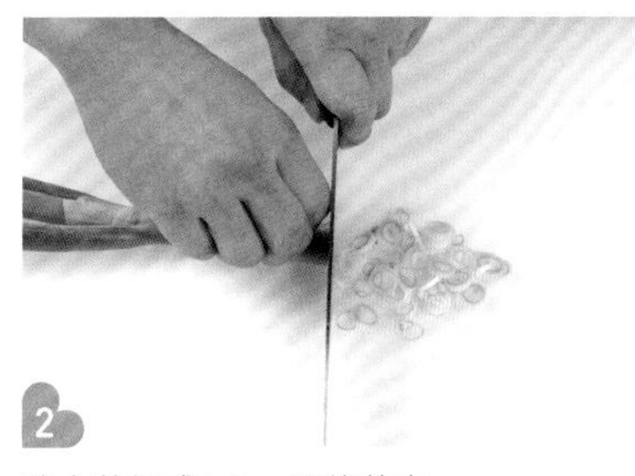

2 將大蔥切成0.3cm厚的蔥末。

3 將大蔥與食用油倒入寬口鍋，用大火將大蔥拌炒至呈金黃色。

4 當大蔥呈現金黃色時，倒入櫛瓜拌炒。

5 放入蒜泥。

6 以繞圈的方式均勻倒入萬能醬油。

櫛瓜和茄子一樣，都是含水量高的蔬菜，一不小心就會炒至過熟，造成口感盡失。炒好櫛瓜以後，仍可以透過鍋子裡的餘熱將櫛瓜煮軟，所以若想要再稍微加熱時，可以關火並利用鍋子裡的餘熱煮櫛瓜。

7 拌炒食材，使櫛瓜吸收蒜泥與醬油，直到櫛瓜熟透為止。

8 櫛瓜熟透之後，加入芝麻拌勻即可。

炒高麗菜

Point 炒高麗菜不僅有助腸胃消化，而且口感極佳，
在使用萬能醬油調理時，
加入乾辣椒是畫龍點睛的一大重點。

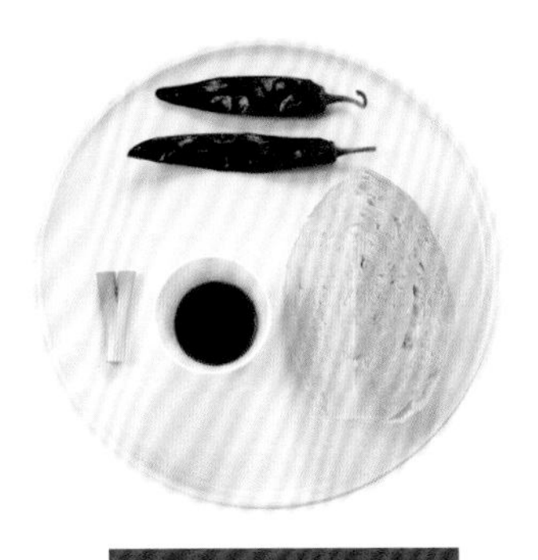

材料（4人份）

高麗菜 ………… ⅛顆（300g）
大蔥 …………… 2 大匙（14g）
乾紅辣椒 ………… 2 根（8g）
萬能醬油 ……… ¼杯（50g）
食用油 ………………… 5 大匙

將大蔥切成0.3cm厚的蔥末。

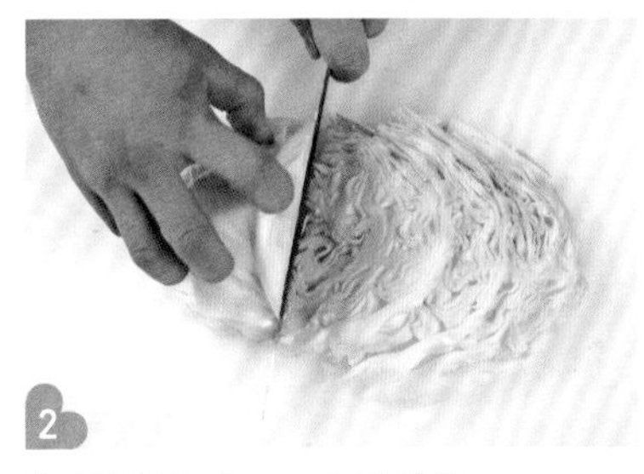

將高麗菜切成0.5cm厚的絲狀。

將大蔥與食用油倒入寬口鍋，開大火將大蔥稍微拌炒一下。

以剪刀將乾紅辣椒剪小塊放入鍋裡。

將辣椒與大蔥一起拌炒至大蔥呈現金黃色，以製成蔥油。

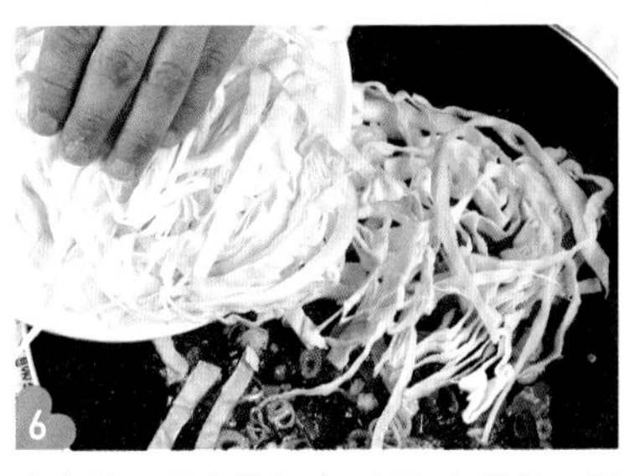

當大蔥呈現金黃色時，倒入高麗菜一起拌炒。

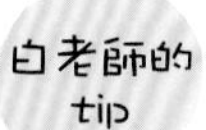

在使用萬能醬油的熱炒料理中，若放入一點乾紅辣椒，不僅能夠提香，微辣的滋味使得整道菜的層次更加豐富，而且鮮紅的色彩也讓料理看起來更美觀。
乾紅辣椒可用剪刀連籽一起剪成小塊。

高麗菜開始熟的時候，以繞圈的方式均勻倒入萬能醬油。

醬料均勻滲入高麗菜後，快速拌炒幾下即可完成。

炒茼蒿

Point

通常當作涼拌菜的茼蒿也有出乎意料的變化！
要如何讓熱炒茼蒿也能有拌菜的清爽口感，
並保留食材的香氣與滋味便是此道料理的重點。

材料（4人份）

- 茼蒿 .... 3杯（135g）
- 大蔥 .... 2大匙（14g）
- 萬能醬油 .... ¼杯（50g）
- 食用油 4大匙
- 蒜泥 .... ½大匙

1 將大蔥切成0.3cm厚的蔥末。

2 將茼蒿切成莖長3cm、葉長6cm。

3 將大蔥、食用油與蒜泥倒入寬口鍋。

4 以大火將大蔥拌炒至呈金黃色，製作成蔥油。

5 大蔥炒至呈金黃色後，在蔥油內倒入萬能醬油。

6 將萬能醬油與蔥油拌勻後，即可關火。

7 將切好的茼蒿倒入已經關火的鍋內。

8 以筷子翻攪茼蒿後快速取出。

先炒醬料，然後關火再放入茼蒿拌勻，即可保留住茼蒿的口感與香氣，而且也能入味得剛剛好。

中式炒青椒

Point 結合蔥油、萬能醬油與太白粉水，就可以在家輕鬆做出美味的中式料理。
只要將太白粉加進水裡攪拌均勻，就能輕而易舉利用太白粉水，
讓熱炒料理的風味更升一級。

材料（4人份）

青椒 ……………… 3顆（420g）
大蔥 …………… 2大匙（14g）
萬能醬油 ……… ¼杯（50g）
太白粉 ………………… ½大匙
水 ……………………… 3大匙
食用油 ………………… 4大匙
香油 …………………… 1大匙

白老師的tip

如果青椒的蒂頭不好拔下來，可以將青椒頂端切除1cm左右，並繞圈按壓蒂頭，就能順利將蒂頭取出。

只要放入一點點太白粉水，湯汁就會變得濃稠，所以請不要一次將所有太白粉水都倒入，而是視濃稠度慢慢倒入調整適當的分量。
要注意的是，若使用麵粉水來代替太白粉水，會破壞料理的味道，若手邊沒有太白粉，可省略勾芡的步驟。

1 將大蔥切成0.3cm厚的蔥末。

2 青椒去除蒂和籽，剖半並切成0.5cm厚的小塊。

3 碗裡調勻太白粉與水備用。

4 將大蔥與食用油倒入寬口鍋，並以大火拌炒。

5 當大蔥呈現金黃色時，倒入青椒拌炒。

6 以繞圈方式均勻倒入萬能醬油。

7 當青椒開始出水時，慢慢分次倒入太白粉水，視濃稠度調整並拌勻。

8 倒入香油並拌勻，即可完成。

炒芹菜

Point 大部分的人只曉得把芹菜拿來榨汁喝，卻不熟悉其他的調理方法，
所以很容易買來就將這樣蔬菜忘在冰箱裡。
其實只要利用蔥油和萬能醬油來料理，
芹菜也能變身成一道可口小菜喔！

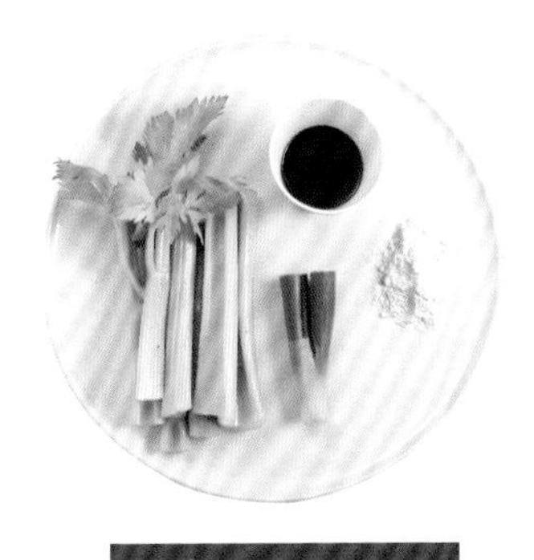

材料（4人份）

芹菜 ……… 3又½杯（385g）
大蔥 …………… 2大匙（14g）
萬能醬油 ……… ¼杯（50g）
太白粉 ………………… ½大匙
水 ……………………… 3大匙
食用油 ………………… 4大匙
香油 …………………… 1大匙

將大蔥切成0.3cm厚的蔥末。

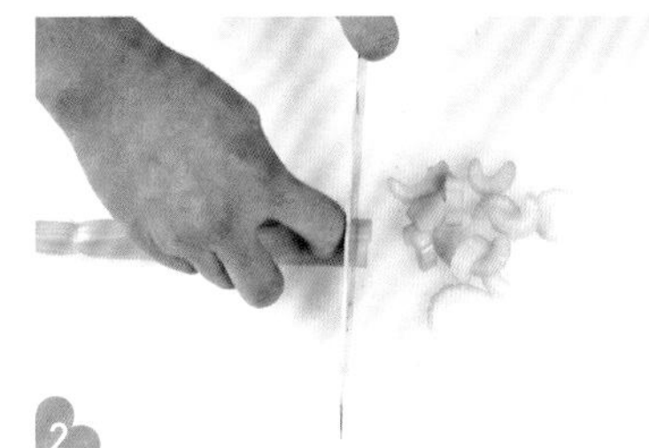

芹菜去除掉葉子後，將莖切成1cm厚的小塊。

碗裡調勻太白粉與水備用。

將大蔥與食用油倒入寬口鍋，並以大火拌炒。

當大蔥呈現金黃色時，倒入芹菜拌炒。

以繞圈的方式均勻倒入萬能醬油。

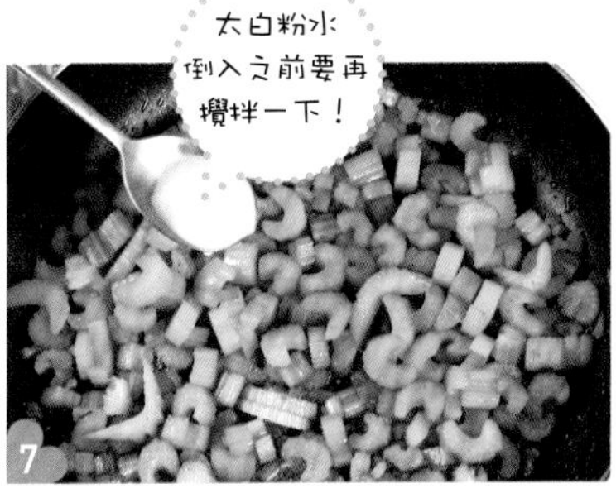

當芹菜開始出水時，慢慢分次倒入太白粉水，視濃稠度調整並拌勻。

倒入香油並拌勻，即可完成。

這道菜和中式炒青椒一樣，都是使用到太白粉水的料理方法。
至於放入太白粉水的時機，則是在主要食材的蔬菜開始出水以後。
調好太白粉水後，由於太白粉會沉澱的關係，所以在倒入太白粉水之前，一定要記得再攪拌一次。倒入後務必要確實攪拌均勻避免結塊。

炒秀珍菇

Point

這道料理使用了蔥油、萬能醬油、豬肉、韭菜，
是一道中國風味的小菜。
由於秀珍菇只要出水過多便會流失風味，
所以要以大火快速拌炒。

材料（4人份）

秀珍菇 ………… 6 杯（240g）
豬肉絲 ………… ½ 杯（75g）
大蔥 ………… 2 大匙（14g）
韭菜 ………… ½ 杯（15g）
萬能醬油 ………… ⅕ 杯（40g）
食用油 ………… 3 大匙
蒜泥 ………… ½ 大匙

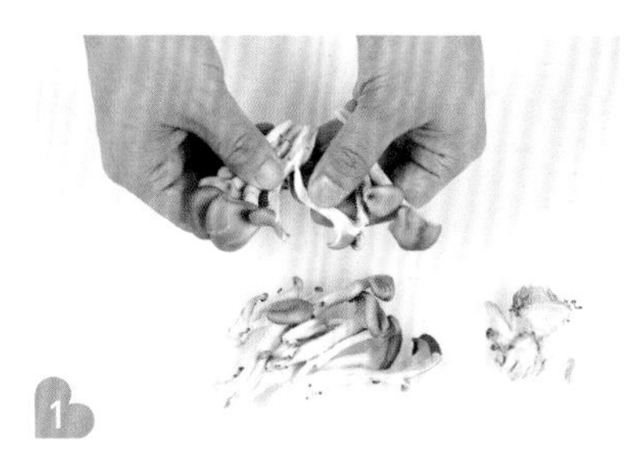

1 秀珍菇切除根部，用手剝成小朵。

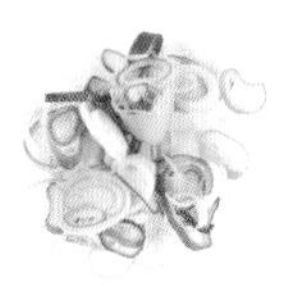

2 將韭菜切成長4cm，大蔥切成0.3cm厚的蔥末。

3 將大蔥與食用油倒入寬口鍋，並以大火將大蔥拌炒至呈金黃色。

4 當大蔥呈現金黃色時，倒入豬肉拌炒。

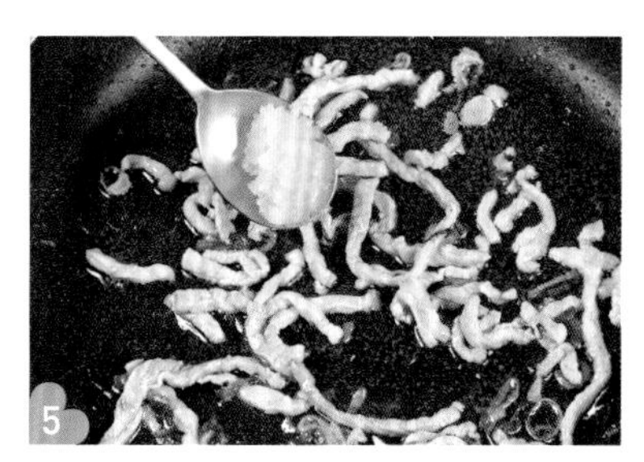

5 將豬肉炒至肉色變白後，倒入蒜泥。

6 拌開蒜泥並倒入秀珍菇一起拌炒。

7 以繞圈的方式均勻倒入萬能醬油，並以大火快炒。

8 等到秀珍菇吸收醬料並熟透後，倒入韭菜拌炒均勻，即可完成。

醬醃野蒜與香烤海苔

Point

讓嘴裡滿溢春天香氣的野蒜，
與提升風味的萬能醬油相遇，就成了一道美味料理，
搭配直接火烤的海苔，更是人間極品。

材料（4人份）

野蒜 ………………… 1 杯（50g）
萬能醬油 …….. ½ 杯（100g）
蒜泥 ……………………. ½ 大匙
細辣椒粉 ……………… 1 大匙
粗辣椒粉 ……………… 1 大匙
芝麻 ……………………. ½ 大匙
香油 ……………………. ½ 大匙
生海苔 …………………….. 4 片

辣椒粉、香油、芝麻等調味食材可依個人喜好予以增減，以調整成適合自己的口味。
烤海苔所使用的海苔，無論是岩海苔、青海苔，還是傳統海苔，任何種類皆適宜。但我推薦使用未經調味的海苔，直接火烤後食用。

醬醃野蒜

1 將野蒜切成2cm長。

2 將野蒜放入適當大小的缽盆裡。

3 將蒜泥、細辣椒粉、粗辣椒粉、芝麻放入缽盆。

4 倒入香油提香。

5 再倒入萬能醬油。

6 將所有材料拌勻，即可完成。

烤海苔

1 備妥未調味過的生海苔。

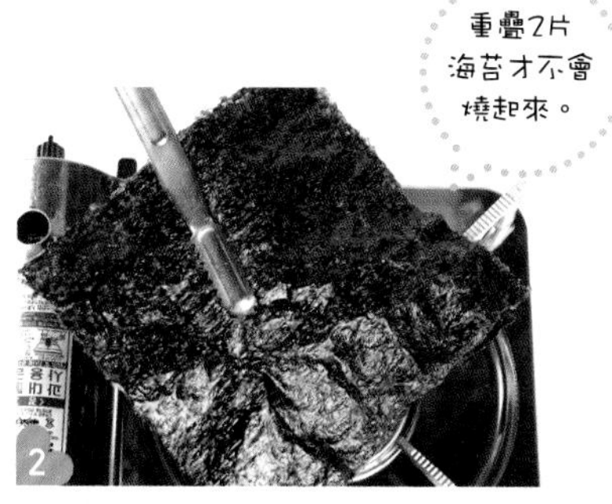

2 將2片海苔疊在一起，直接火烤，最後裁切成好入口的大小即可。

重疊2片海苔才不會燒起來。

涼拌綠豆涼粉

QQ嫩嫩的綠豆涼粉，
淋上又香又好吃的萬能醬油與調味料，別有一番風味。

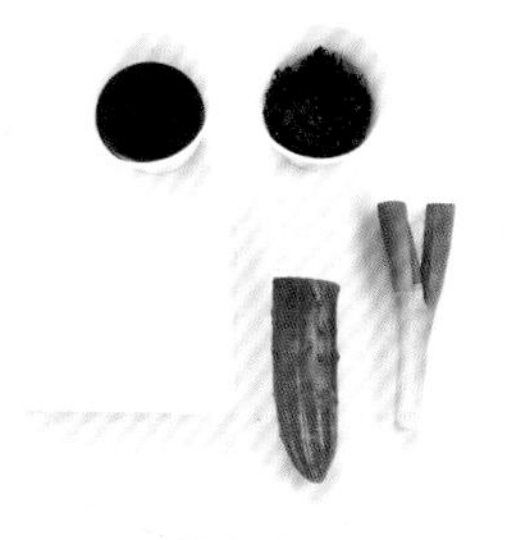

材料（4人份）

綠豆涼粉 ········ 1 塊（450g）
（水 6 杯＋鹽 1 大匙）
小黃瓜 ·············· 1 杯（70g）
大蔥 ·············· 3 大匙（21g）
萬能醬油 ········· ⅕ 杯（40g）
鹽 ····························· 少許
食用油 ··················· 2 大匙
蒜泥 ····················· ½ 大匙
黃砂糖 ··················· ¼ 大匙
香油 ······················· 2 大匙
芝麻鹽 ··················· 1 大匙
調味碎海苔 ·············· ½ 杯

1 小黃瓜縱切成半後，再切成0.4cm厚的小塊。涼粉切成長5cm、厚1cm的長條狀，大蔥對切後再切成0.3cm厚的蔥末。

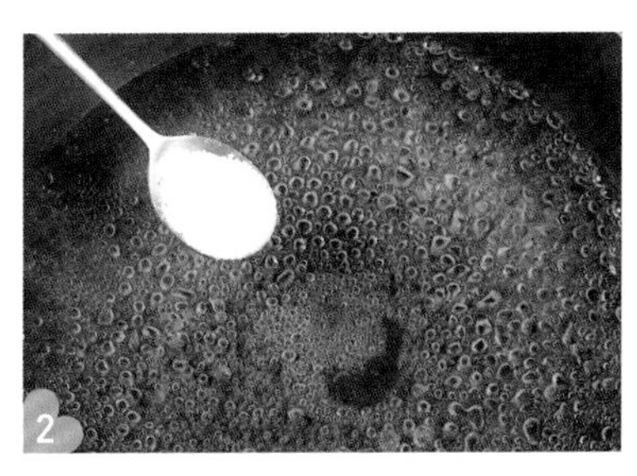

2 以深鍋將水煮滾，放入鹽1大匙。

3 將涼粉倒入鹽水裡煮1分鐘。

4 鹽水再次滾開後，等涼粉變透明時，即可撈出備用。

5 將食用油倒入寬口鍋，並倒入小黃瓜與少許鹽一起拌炒。

6 小黃瓜拌炒至透明並泛起油光，即可取出盛盤。

7 將大蔥、蒜泥、黃砂糖、香油、萬能醬油倒入缽盆裡攪拌均勻，製成涼粉用調味料。

8 將涼粉盛盤，再放上炒好的小黃瓜、調味碎海苔、芝麻鹽，最後再淋上調味料即可。

紅燒豆腐

Point 紅燒豆腐是需要多道程序以及較長調理時間的一道料理，
只要活用萬能醬油，就能輕鬆做出這道佳餚。

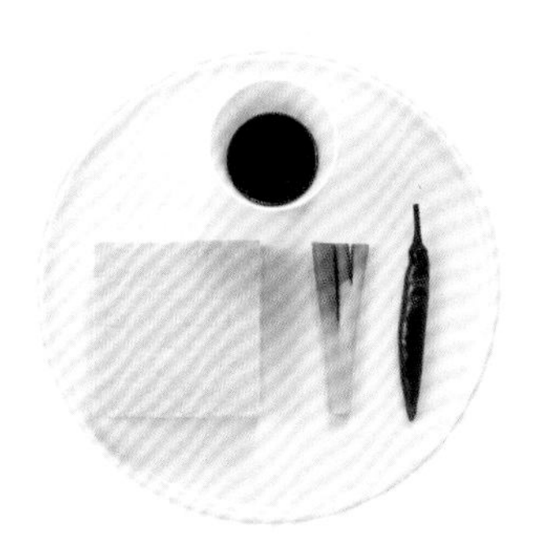

材料（4人份）

豆腐 ⋯⋯⋯⋯⋯ 1塊（290g）
大蔥 ⋯⋯⋯⋯⋯ ¼根（25g）
青陽辣椒 ⋯⋯⋯ 1根（10g）
萬能醬油 ⋯⋯⋯ ¼杯（50g）
蒜泥 ⋯⋯⋯⋯⋯⋯ 1大匙
粗辣椒粉 ⋯⋯⋯⋯ 1大匙
細辣椒粉 ⋯⋯⋯⋯ ½大匙
水 ⋯⋯⋯⋯⋯ ¾杯（135ml）

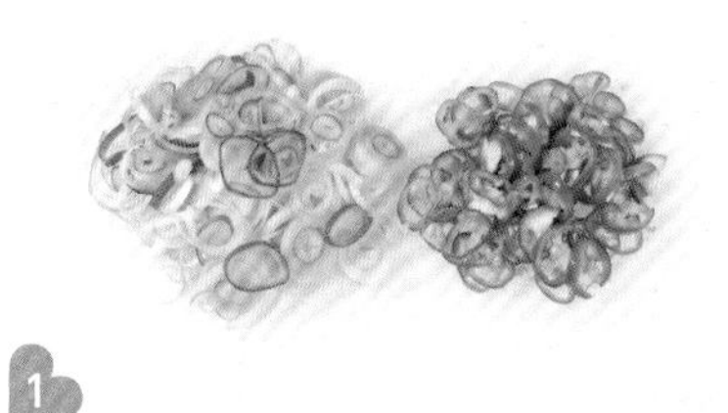

將大蔥與青陽辣椒切成0.3cm厚的粗末。

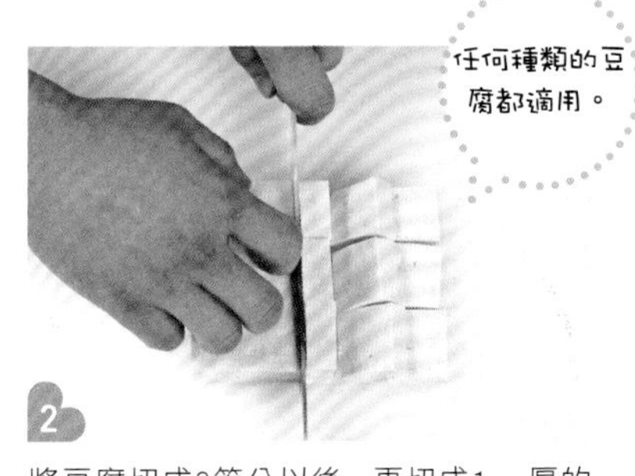

將豆腐切成3等分以後，再切成1cm厚的塊狀。

將豆腐一塊塊擺放到內凹的鍋子裡。

放入大蔥、青陽辣椒、蒜泥、細辣椒粉、粗辣椒粉。

倒入萬能醬油。

倒入水，並開火燉煮。

等到開始沸騰時轉為中火，並反覆舀起鍋裡的湯汁淋上豆腐，直到豆腐吸收湯汁為止。

不需要把紅燒料理想得太困難，只要將調味料和水蓋過食材，並花上一段時間燉煮即可。紅燒豆腐也是一樣，只要把豆腐和大蔥、辣椒、辣椒粉、蒜泥、萬能醬油、水一起丟進鍋裡燉煮就可以。由於湯汁在燉煮過程會逐漸收乾，所以一開始下調味料時必須要放少一點。

什錦炒菜

Point

韓式什錦炒菜是將每一種食材炒好以後，
先冷卻再涼拌在一起，所以是道程序繁複，
也很耗時的料理之一。
不過只要活用萬能醬油，
先將韓式冬粉泡水備妥，
就能在20～30分鐘內完成剩下的步驟。

材料（4人份）

泡過水的韓式冬粉 …… 480g
泡過水的乾木耳 .. 1 杯（64g）
紅蘿蔔 …………… 1 杯（40g）
洋蔥 ……………… 2 杯（160g）
香菇 ……………… 1 杯（40g）
大蔥 ……………… 1 杯（60g）
（炒蔬菜 ½ 杯、炒冬粉 ½ 杯）
萬能醬油 ……… ½杯（100g）
食用油 ………………… 4 大匙
香油 …………………… 4 大匙
蒜泥 ……………… 1 又 ½ 大匙
黃砂糖 ………… 2 又 ½ 大匙
胡椒粉 ……………………… 少許
芝麻 …………………… 1 大匙

韓式冬粉以溫水泡2～3小時以上，再以清水洗淨。乾木耳也以水泡開後備用。

將大蔥切成0.3cm厚的蔥末，體積較大的木耳則切半備妥。紅蘿蔔切成0.3cm厚的絲狀，洋蔥與香菇切成0.3cm厚的片狀。

將大蔥½杯與食用油倒入寬口鍋，並以大火拌炒至略呈金黃色。

當大蔥呈現金黃色時，倒入紅蘿蔔、洋蔥、香菇、木耳拌炒。

撒入胡椒粉並均勻拌炒鍋裡蔬菜，使洋蔥一層一層分開，並將蔬菜炒至稍微熟的程度。

將炒好的蔬菜盛盤備用。

注意不要將什錦炒菜裡的蔬菜炒到過熟，口感會不佳。
木耳可以在一開始就和其他蔬菜一起拌炒，或是先不炒等最後再一起混拌。
在盛盤的時候，可以先將韓式冬粉鋪在最下面，然後再放上蔬菜，這樣看起來會更可口。

將大蔥½杯、香油2大匙、蒜泥倒入寬口鍋裡一起拌炒。

等到蔥油煮至稍微起泡時，倒入黃砂糖與萬能醬油拌勻即可。

拌炒至黃砂糖融化，且調味醬汁開始變濃稠。

將韓式冬粉倒入變濃稠的調味醬汁裡。

拌炒冬粉，直到冬粉變透明為止。

關火，並將剛剛炒好放在一旁備用的蔬菜倒入鍋裡，與冬粉一起攪拌。

倒入香油2大匙，並撒上芝麻拌勻，即可完成。

Perfect
Boiled Eggs

J.W Paik
ORIGINAL KOREAN TASTE

第2章

使用萬能醬油製作的常備菜

接下來將為大家介紹
可以存放好幾天的常備菜。

不論是男女老幼都喜歡的炒小魚乾，
還是有益身體健康的炒根莖蔬菜、
介紹讓料理更加美味的調理祕訣，
以及蔬菜料理食譜等應有盡有。

炒蒜苗

Point 這是將春季當令的蒜苗做成可保存數日的家常菜。
只要在調理時，先炒出蔥油再加入萬能醬油一起拌炒，
就能完成這道甘甜微辣的炒蒜苗。

材料（4人份）

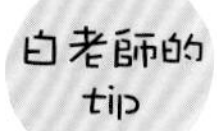

- 蒜苗 ⋯⋯⋯⋯⋯ ½ 把（350g）
- 大蔥 ⋯⋯⋯⋯⋯ 1 大匙（7g）
- 萬能醬油 ⋯⋯⋯ ¼ 杯（50g）
- 食用油 ⋯⋯⋯⋯⋯⋯ 1 大匙
- 芝麻鹽 ⋯⋯⋯⋯⋯⋯ 1 大匙

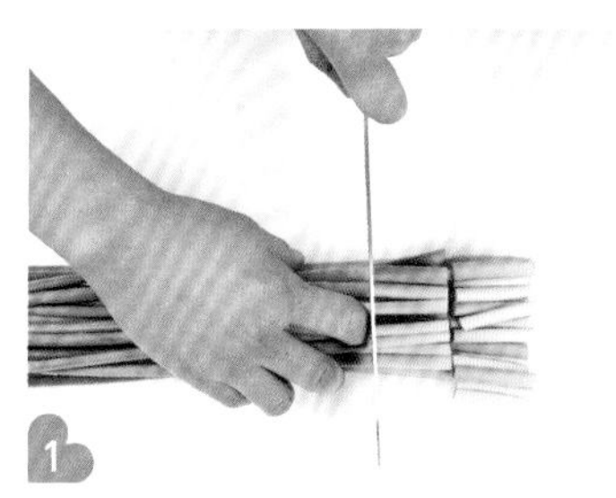

蒜苗去除根部後，切成4cm長。

將大蔥切成0.3cm厚的蔥末。

將大蔥與食用油倒入寬口鍋，以大火將大蔥拌炒至呈金黃色。

當大蔥呈現金黃色時轉為中火，並放入蒜苗拌炒，直至蒜苗呈現透明的光澤。

等蒜苗熟透並呈現透明光澤，轉大火，以繞圈的方式均勻倒入萬能醬油。

前後搖動鍋子，拌炒蒜苗直到湯汁收乾為止。

撒上芝麻鹽並拌勻，即可完成。

白老師的tip

如果您喜歡香油或芝麻油的香氣，可在盛盤之前淋上些許香油或芝麻油，再稍微拌炒即可。
在製作醬燒或熱炒料理的時候，必須選用深度足以擺放並讓食材熟透的鍋子。像蒜苗這種易熟的食材，就適合使用蒸發速度較快的寬口鍋；相反地，如馬鈴薯或牛蒡這種需要長時間燉煮的食材，就得選用深鍋來進行料理。

炒小魚乾

Point
這道小菜可說是韓國的國民家常菜。
從基本糖炒方式完成的炒小魚乾，
延伸出醬燒小魚乾、辣椒粉炒小魚乾，
介紹給您3種變化的作法。

材料（4人份）

小魚乾 …………… 2杯（80g）
大蔥 …………… 2大匙（14g）
青陽辣椒 ………… 2根（20g）
黃砂糖 ………………… 1大匙

基本炒小魚乾

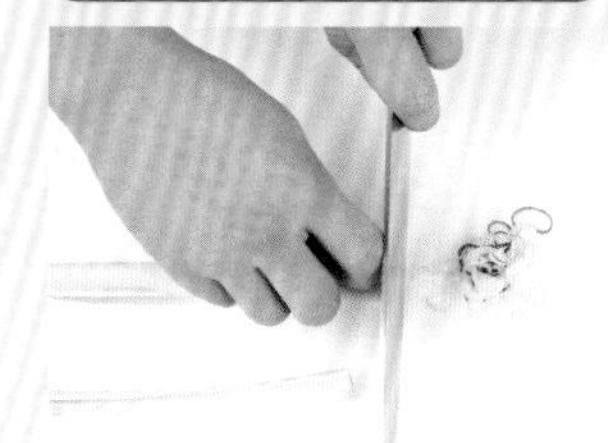

1 將大蔥縱切成半，再切成0.3cm厚的蔥末。

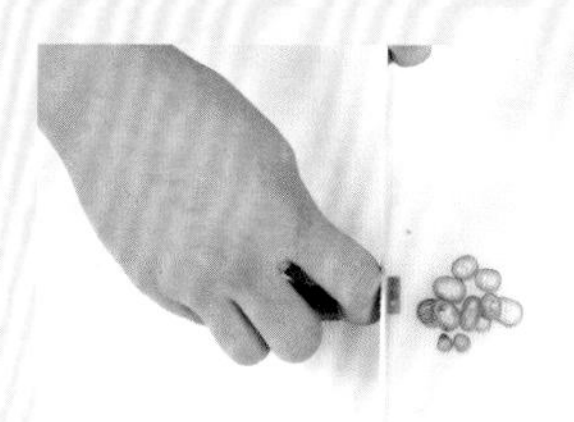

2 青陽辣椒切成0.3cm厚的粗末。

3 小魚乾過篩，以篩除雜質。

4 小魚乾倒入寬口鍋，並以小火乾炒至腥味消失。

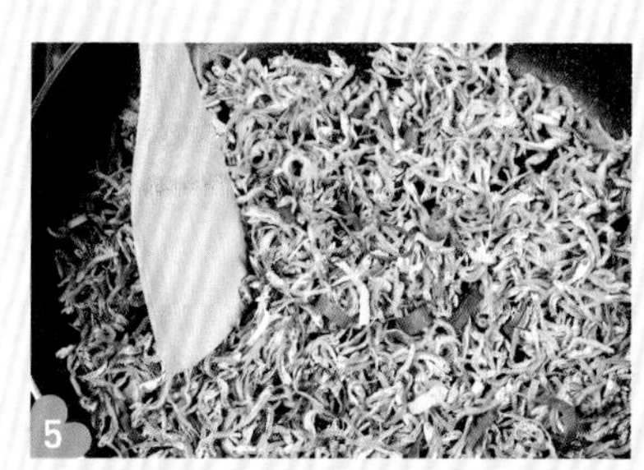

5 放入大蔥輕炒，以去除濕氣。

6 放入青陽辣椒一起拌炒，增添辣味。

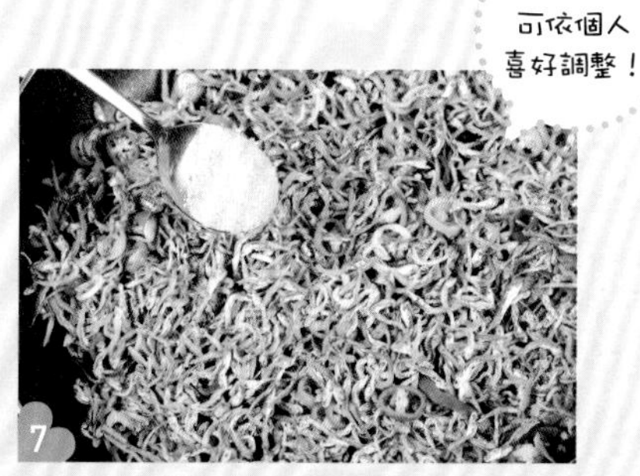

7 放入黃砂糖，拌炒至小魚乾均勻沾裹上糖漿，即可完成。

基本炒小魚乾＋萬能醬油

在基本炒小魚乾裡加入萬能醬油¼杯並均勻拌炒，即可完成。

基本炒小魚乾＋萬能醬油＋辣椒粉

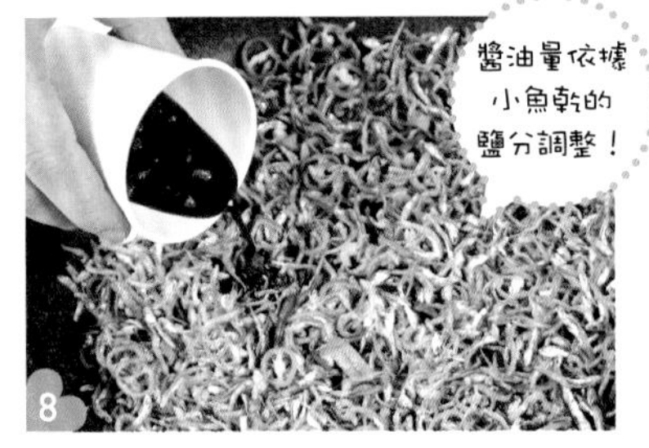

在基本炒小魚乾裡加入萬能醬油¼杯並均勻拌炒。

加入細辣椒粉1大匙、蒜泥½大匙並均勻攪拌。

放入水2大匙拌勻，使乾硬的調味料化開。

炒小魚乾的收尾方法

淋上香油2大匙並稍微拌炒，炒至小魚乾出現光澤。

放入芝麻1大匙並拌勻，即可完成。

無論是基本炒小魚乾、加入萬能醬油的炒小魚乾，或是同時加了萬能醬油與辣椒粉的炒小魚乾等任何種類，都適用加上香油與芝麻的收尾方法。

炒馬鈴薯

Point 只要運用萬能醬油，就可輕鬆做出這道炒馬鈴薯。
加入了乾紅辣椒，不僅散發辛香，
鮮紅的色彩更讓人食指大動。

材料（4人份）

馬鈴薯 ………… 3 杯（300g）
大蔥 …………… 2 大匙（14g）
乾紅辣椒 ………… 1 根（4g）
萬能醬油 ……… ⅕ 杯（40g）
食用油 ………………… 2 大匙
蒜泥 …………………… ½ 大匙
水 ……………………… 4 大匙

1 大蔥切成0.3cm厚的蔥末，乾紅辣椒用剪刀剪成0.5cm厚的粗末，馬鈴薯切成4等分後再切成0.4cm厚的薄片。

2 將食用油倒入寬口鍋後加入大蔥，以大火稍微拌炒。

3 加入乾紅辣椒一起拌炒，炒出辣椒香味並炒成蔥油。

4 大蔥呈現金黃色時加入馬鈴薯拌炒。

5 加入蒜泥、水、萬能醬油拌炒均勻。

6 以中火收乾後，將馬鈴薯炒至容易食用的熟度後即可完成。

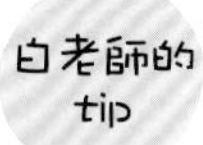

白老師的tip

馬鈴薯偏硬，需要花較多時間才能煮熟，不過只要切成薄片，就能節省許多調理時間。
在製作其他馬鈴薯料理時，若是切成很容易熟的薄片，建議使用寬口鍋；若是要切成塊狀燉煮等長時間的調理，則可以使用水分不容易蒸散的深鍋。

炒魚板馬鈴薯

Point 在同時要處理像魚板和馬鈴薯，這種煮熟時間不同的食材時，想出這樣類似醬燒的熱炒方式。重點在於煮的時候要加入充分的水，避免燒焦，也能讓調味料確實滲透進食材。

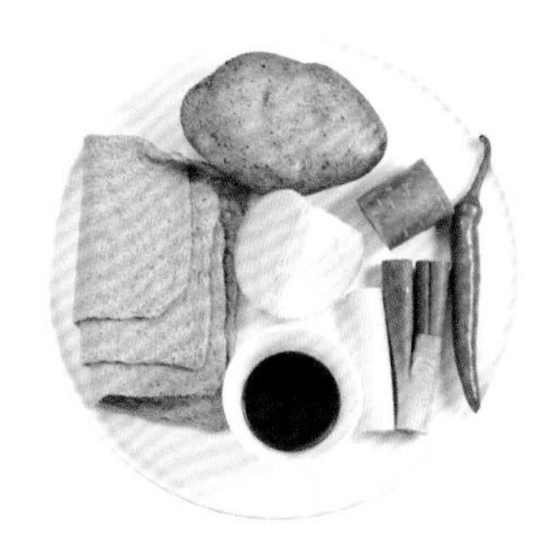

材料（4人份）

方形魚板 ………… 3片（158g）
馬鈴薯 ………… 2杯（200g）
紅蘿蔔 ………… ⅓杯（30g）
洋蔥 ………… ⅓顆（80g）
青陽辣椒 ………… 1根（10g）
大蔥 ………… ½根（50g）
萬能醬油 ………… ¼杯（50g）
蒜泥 ………… ½大匙
水 ………… 1杯（180ml）
細辣椒粉 ………… 1大匙
香油 ………… ½大匙

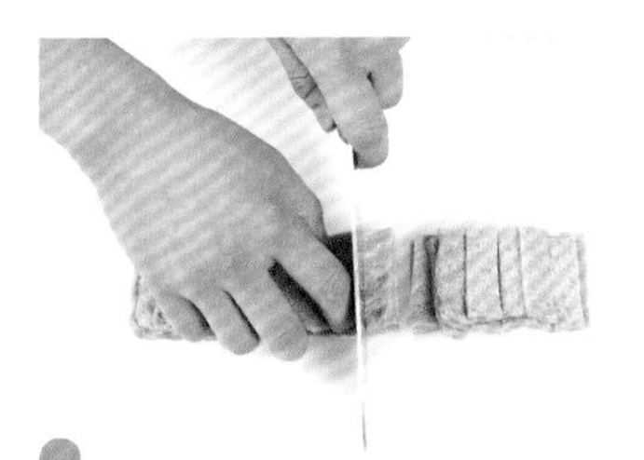

1 魚板切半後，再切成2cm長的條狀。

2 大蔥與青陽辣椒切成0.5cm厚的粗末，洋蔥則切成長寬2cm的四方形，紅蘿蔔與馬鈴薯切成0.4cm厚的薄片。

3 將萬能醬油與水倒入深鍋後攪拌。

4 加入細辣椒粉與蒜泥並拌勻。

魚板如果煮過熟的話，就會變得軟爛，所以通常都會炒過後食用，不過其實煮成醬燒料理也很好吃。所以首先為了要避免本來就熟了的魚板燒焦，要加入充分的水來煮。這種方法適用於同時處理煮熟程度不同的食材。

5 將馬鈴薯、紅蘿蔔、魚板、洋蔥倒入攪拌均勻的調味醬裡，並以大火煮滾。

6 當醬汁開始沸騰，轉為中火並攪拌所有食材，直到湯汁幾乎收乾為止。

7 等到湯汁幾乎收乾時，倒入大蔥與青陽辣椒並攪拌均勻，增添香氣。

8 倒入香油再次拌炒，即可完成。

炒蕨菜

Point 萬能醬油也可以使用在蕨菜料理上。
這道料理使用了十分對味的蕨菜和芝麻油一起慢炒，
吃起來一點蕨菜腥味都沒有。

材料（4人份）

泡開的蕨菜 …… 3 杯（210g）
大蔥 …………… 2 大匙（14g）
萬能醬油 ……… ¼ 杯（50g）
洗米水 ………… ½ 杯（90ml）
蒜泥 …………………… 1 大匙
芝麻油 ………………… 4 大匙

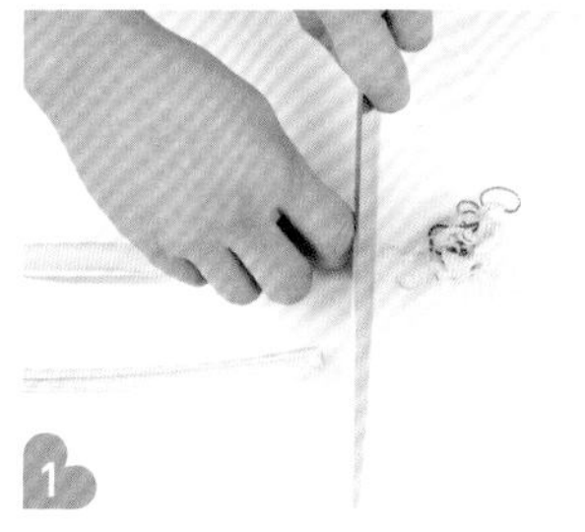

1 將大蔥縱切成半，再切成0.3cm厚的蔥末。

2 將泡開的蕨菜切成5cm長。

3 將芝麻油與大蔥、蒜泥倒入寬口鍋裡開火拌炒。

4 拌炒到蔥油起泡。

5 當蔥油開始起泡，倒入蕨菜一起拌炒。

6 倒入萬能醬油。

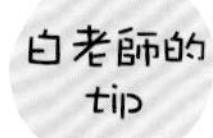

炒蕨菜的要訣就在於加入洗米水。雖然這是熱炒料理，但需要像紅燒的方式一樣充分燉煮，而洗米水正是能夠將味道融合在一起的重要角色。要注意，如果沒有充分將食材調理熟透的話，調味醬汁無法入味，所以一定要煮到湯汁收乾為止。

7 倒入洗米水，轉中火繼續拌炒，讓食材吸收醬汁。

8 等到湯汁幾乎收乾，即可完成。

醬燒糯米椒

Point

糯米椒和青陽辣椒都是能提升料理風味的食材。
哪怕只加入萬能醬油與這兩樣材料一起料理，
也能快速做出美味的佳餚。

材料（4人份）

糯米椒 ………… 7根（42g）
青陽辣椒 ……… 1根（10g）
萬能醬油 ……… ¼杯（50g）
水 ……………… ¼杯（45ml）

1 糯米椒去蒂。

2 將去蒂的糯米椒切成2cm長，青陽辣椒則切成0.3cm厚的粗末。

3 將糯米椒及青陽辣椒放入砂鍋。

4 再將萬能醬油倒入砂鍋裡。

5 加水入鍋後，即可開火燒煮辣椒。

6 燒煮到糯米椒熟透，並散發出辣椒的辛香味，即可完成。

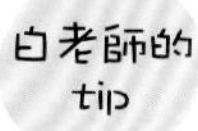

如果不加水只倒入萬能醬油，煮出來的味道會很鹹。不加水煮、味道較鹹的醬燒糯米椒適合搭配鍋巴飯或湯泡飯，但如果要搭配白飯食用的話，就一定要加水去燒煮，才不會太鹹。

醬燒馬鈴薯

Point 只需要將馬鈴薯和萬能醬油、砂糖、水一起調理即可。
加入一點青綠色的辣椒和鮮豔的紅蘿蔔，
不僅增添色彩，看起來更加美味可口。

材料（4人份）

馬鈴薯 ············ 4 杯（540g）
紅蘿蔔 ··············· 1 杯（90g）
糯米椒 ·············· 7 根（42g）
青陽辣椒 ··········· 1 根（10g）
蔥 ·················· 3 大匙（12g）
萬能醬油 ········· ⅓ 杯（70g）
水 ·················· 2 杯（360ml）
黃砂糖 ···················· 2 大匙

1 將紅蘿蔔切成四邊長1cm、馬鈴薯切成四邊長1.5cm的骰子狀。

2 將青陽辣椒與蔥切成0.3cm厚的粗末，糯米椒去蒂並切半。

開始調理前要用較淡的調味。

3 將水與萬能醬油倒入深鍋裡。

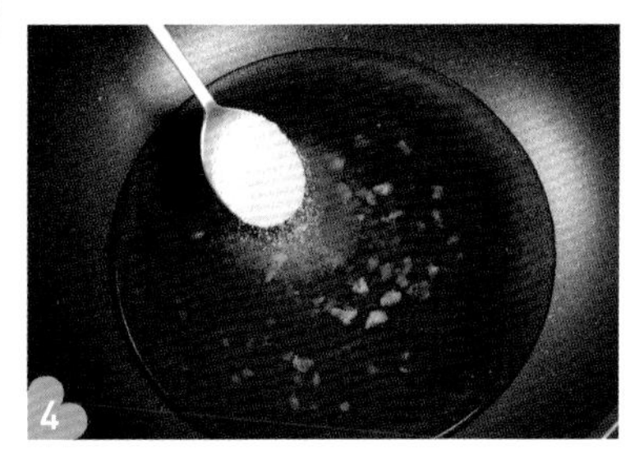

4 將黃砂糖倒入調味醬汁裡。

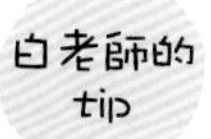

醬燒料理加入糯米椒的話，能讓醬料的味道更香，加入青陽辣椒則能增添微辣的滋味。
醬燒料理一定要等主食材都熟透，關火後再放入辣椒，這樣口感跟香氣才會好。
已經炒到香氣四溢的辣椒也可以另外取出，加上香油或辣椒粉做成涼拌菜。

5 將馬鈴薯與紅蘿蔔倒入調味醬汁裡。

6 以大火燉煮，並煮到湯汁收乾少於一半的量。

7 等到鍋裡湯汁少於一半時，即可關火並放入糯米椒及青陽辣椒一起拌炒。

8 利用餘熱使糯米椒和青陽辣椒熟透以後，加入蔥即可。

醬燒牛蒡

Point

牛蒡對便祕和減肥都很有益處，
這道醬燒牛蒡運用了萬能醬油燒煮而成。
烹調時若加入少許薑，還能變成日式風味。

材料（4人份）

牛蒡 ················· 3杯（180g）
青陽辣椒 ··········· 1根（10g）
萬能醬油 ·········· ⅓杯（70g）
水 ····················· 1杯（180ml）
黃砂糖 ············ 2又½大匙
香油 ························· 2大匙
薑末 ··························· 少許

1 牛蒡泡水備用。

2 將青陽辣椒斜切成0.3cm厚的片狀，牛蒡過水沖淨以後切成7～8cm長。

3 將水與萬能醬油倒入深鍋裡。

4 將黃砂糖倒入調味醬汁內拌勻。

5 將牛蒡放入調勻的調味醬汁裡。

6 加入薑末並以中火燒煮至湯汁少於一半為止。

7 當湯汁減半以後，即可關火並放入青陽辣椒，以餘熱繼續燒煮。

8 加入香油並拌勻，即可完成。

白老師的tip

在韓國市售的牛蒡為了防止變色，都會泡在醋水裡保存，如果直接拿來調理的話，味道就會太酸，所以料理之前，請先泡水或用水沖淨以後再使用。

醬燒蓮藕

Point

蓮藕和紅蘿蔔這類的根莖類蔬菜營養豐富，
但我們經常會因為調理方式錯誤而吃不到這些營養。
其實只要運用萬能醬油來進行調理，
就能做成好吃的常備菜。

材料（4人份）

熟蓮藕 ………… 3杯（300g）
紅蘿蔔 ………… ⅓根（90g）
萬能醬油 …. ⅔杯（約130g）
水 ……………… 5杯（900ml）
黃砂糖 ………………… 4大匙
蒜泥 …………………… ½大匙
食用油 ………………… ½大匙

1 熟蓮藕過水沖淨，紅蘿蔔則切成四邊長1.5cm的骰子狀。

2 將水與萬能醬油倒入深鍋裡。

3 將蒜泥倒入調味醬汁裡。

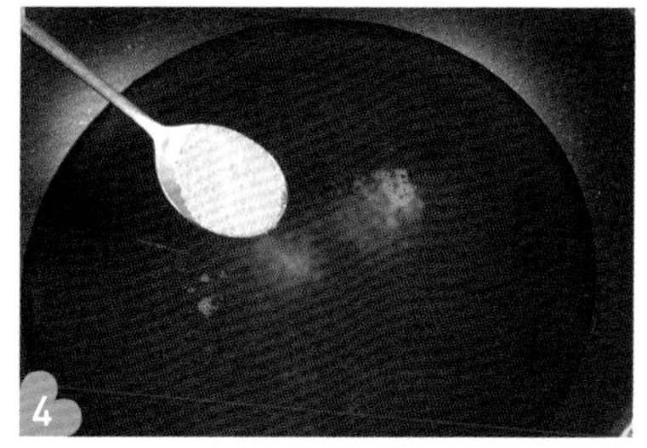

4 將黃砂糖倒入調味醬汁裡。

5 將食用油倒入調味醬汁裡拌勻。

6 將蓮藕放入已調勻的調味醬汁裡，並以中火燒煮25分鐘左右。

7 加入紅蘿蔔一起燉煮約10分鐘後，即可完成。

白老師的tip

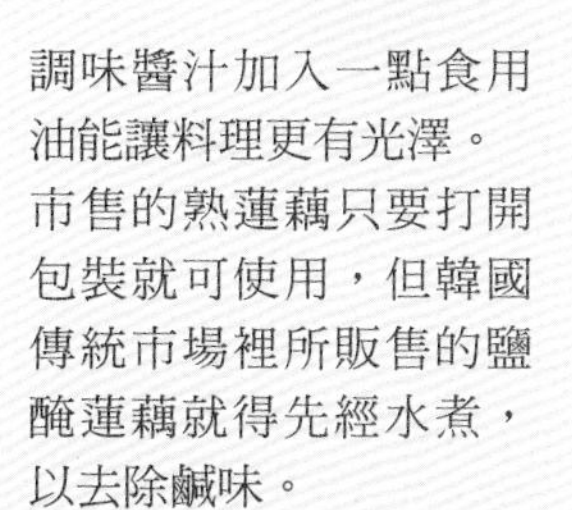

調味醬汁加入一點食用油能讓料理更有光澤。市售的熟蓮藕只要打開包裝就可使用，但韓國傳統市場裡所販售的鹽醃蓮藕就得先經水煮，以去除鹹味。

醬燒蘿蔔

Point 加入了辣椒粉，看起來紅通通的，是傳統韓式醬燒蘿蔔。
如果想要做成味道較重的鄉村口味，
可以加入乾蝦仁和小魚乾一起燒煮。

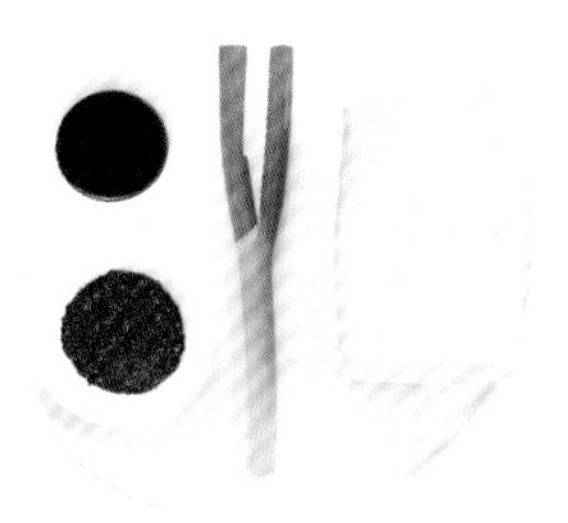

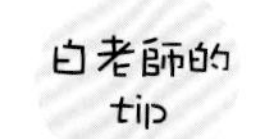

白蘿蔔 ………… 3杯（360g）
大蔥 ……………… 1杯（60g）
萬能醬油 ……… ⅓杯（65g）
水 ……………… 5杯（900ml）
蒜泥 …………………… 1大匙
黃砂糖 ………………… ½大匙
粗辣椒粉 …………… 3大匙

蘿蔔切薄一點就能縮短料理時間，但如果喜歡蘿蔔厚實的口感，切成厚片也無妨，只要再多花一些時間燒煮即可。

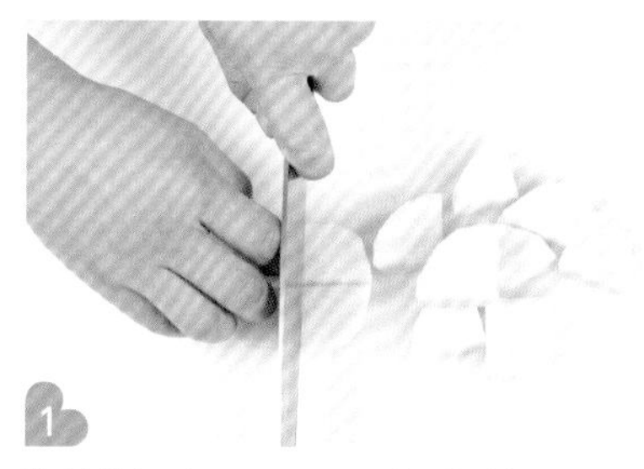
將蘿蔔切成1.5cm厚，再切成4等分。

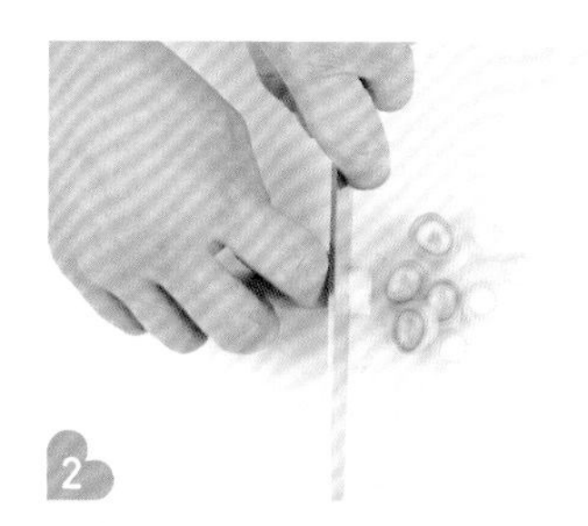
將大蔥切成1cm厚的蔥末。

將水倒入深鍋內煮滾，再加入蒜泥。

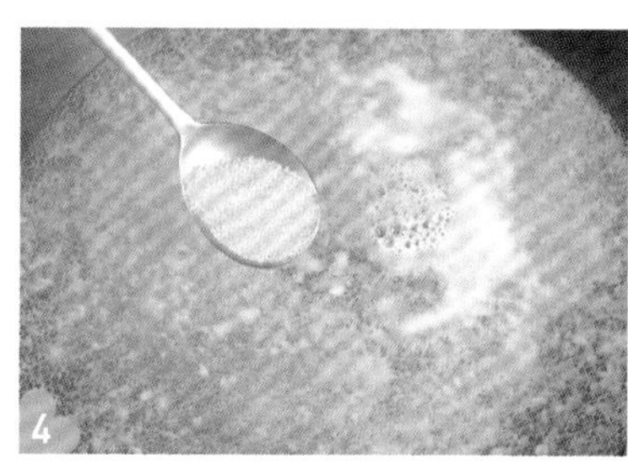
將黃砂糖加入調味醬汁裡。

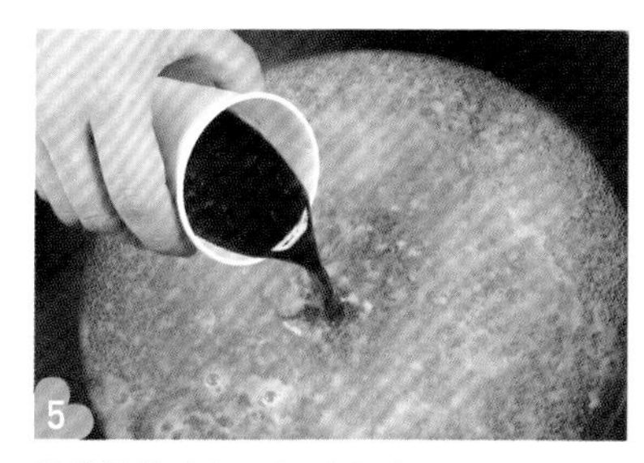
將萬能醬油倒入調味醬汁裡。

調味醬汁拌勻後倒入白蘿蔔。

倒入粗辣椒粉並拌勻。

當鍋裡醬汁開始沸騰，即可倒入大蔥，轉中火繼續燒煮約25分鐘。

湯汁收乾到差不多蓋過食材且蘿蔔已熟透時，即可完成。

日式醬燒蘿蔔

Point 使用了萬能醬油和薑、青陽辣椒、大蔥等食材，
簡樸風味的日式醬燒蘿蔔。
在完成烹調時，亦可將提味的蔬菜撈出，
簡單、清爽更是美味。

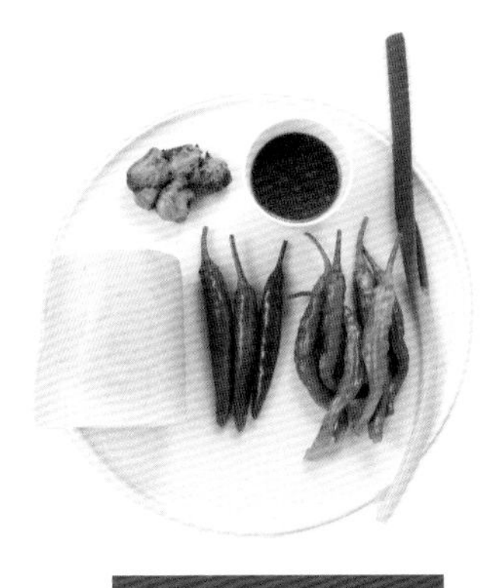

材料（4人份）

白蘿蔔 ………… 3杯（360g）
青陽辣椒 ………… 3根（30g）
糯米椒 ………… 6根（36g）
大蔥 ………… 1根（100g）
萬能醬油 …… ⅔杯（約130g）
水 ………… 5杯（900ml）
生薑 ………… 15g
蒜泥 ………… 1大匙
黃砂糖 ………… 1又½大匙

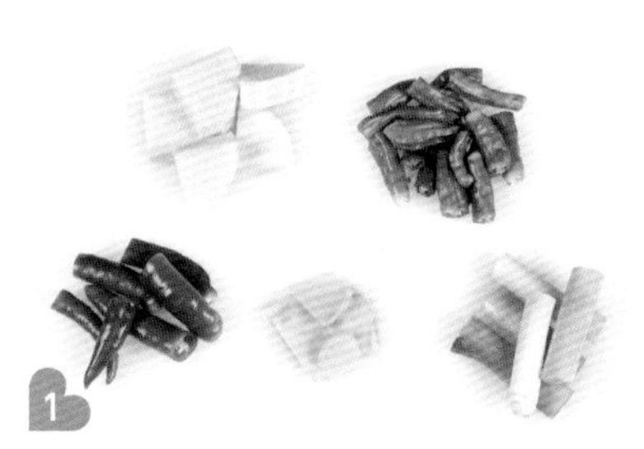

1 將白蘿蔔切成1.5cm厚，再切成4等分，糯米椒切成2～3等分，青陽辣椒切成2等分。生薑切成厚0.4～0.5cm的薄片，大蔥切成6～7cm的蔥段。

2 將水倒入深鍋內煮滾，再加入蒜泥與黃砂糖。

3 將萬能醬油倒入調味醬汁裡。

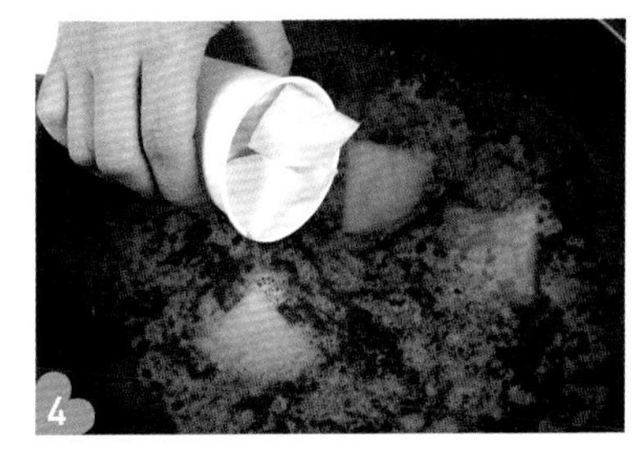

4 調味醬汁拌勻後倒入白蘿蔔。

5 倒入薑片、青陽辣椒、大蔥，並以大火燒煮，等到湯汁開始沸騰即可轉中火，繼續煮約25分鐘。

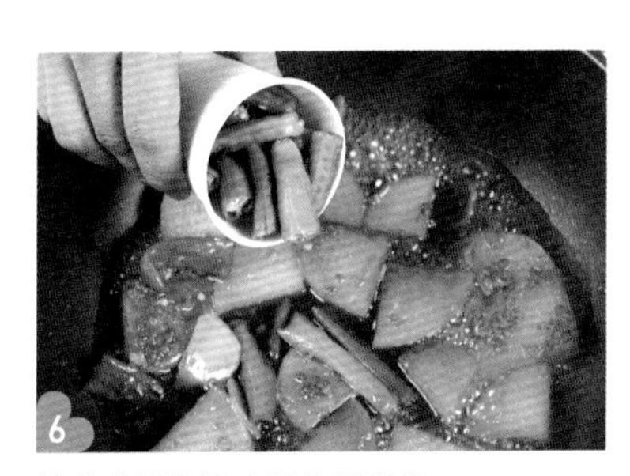

6 等蘿蔔都熟透時倒入糯米椒。

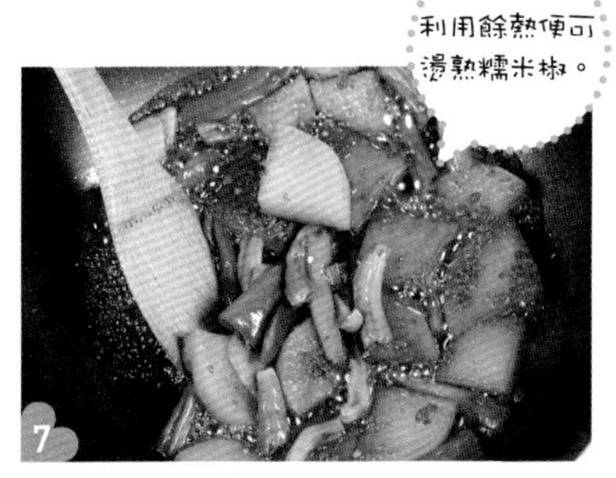

7 糯米椒與蘿蔔拌勻後即可關火。

8 將薑片、青陽辣椒、大蔥取出另外裝盤。

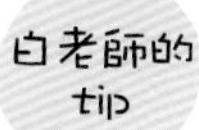

要做出日式醬燒料理的味道，薑絕對是不可或缺的食材。調理時，若把薑片切得太薄，等到料理完畢時就會不好撈出，但切得太厚又難以煮出味道，所以最好切成0.4～0.5cm厚。

醬蒸芝麻葉

Point 醃過的芝麻葉只要稍微煮熟，其特有的香氣會變得更為濃厚，
而且粗糙的口感也會消失，非常美味可口。
這裡要介紹給大家的是如何輕鬆完成蒸煮芝麻葉。

材料（4人份）

芝麻葉 ………… 40片（80g）
洋蔥 ……… 1又½杯（75g）
紅蘿蔔 …………… 1杯（40g）
大蔥 ……………… ½杯（25g）
萬能醬油 ……… ⅓杯（70g）
蒜泥 …………………… 1大匙
粗辣椒粉 …………… 2大匙
芝麻 …………………… 1大匙

1 將紅蘿蔔切成長5cm、厚0.3cm的細絲，洋蔥切成厚0.3cm的細絲，大蔥則切成0.3cm厚的蔥末。

2 將紅蘿蔔、洋蔥、大蔥、蒜泥一起倒入缽盆裡。

3 將粗辣椒粉、芝麻、萬能醬油倒入放有蔬菜的缽盆裡並拌勻，以製作調味醬。

4 將芝麻葉疊放在微波碗裡，每疊2～3片就塗上一層調味料。

5 以保鮮膜將放滿芝麻葉的微波碗包起，再用筷子在上頭戳3～4個洞。

6 將放滿芝麻葉的微波碗放入微波爐中，微波2～3分鐘左右，使芝麻葉熟透即可完成。隨微波爐的性能不同，蒸熟芝麻葉的時間可能會有不同。

在芝麻葉上塗抹調味醬時，請不要一片一片地塗，疊放個2～3張後再塗，在微波的過程中，芝麻葉就能充分吸收進調味醬。
將芝麻葉放到碗裡的時候，請將葉子的根部交叉擺放，等到蒸煮好後才方便取食。

第3章

韓國人熱愛的每日家常菜

作法簡單，而且就算每天吃
也不會膩的基本家常菜食譜

泡菜、罐頭海鮮、魷魚、黃豆芽……
本章將利用這些家家戶戶
冰箱裡常見的食材，
料理出每天都能開心享用的家常菜。

ORIGINAL KOREAN

泡菜煎餅

Point 想要做出好吃的泡菜煎餅，就要切記三個要點：

第一，煎餅粉的分量為泡菜的一半。

第二，麵糊要略稠才行。

第三，煎餅用的油量要充足，用像是油炸的方式來煎。

材料（4人份）

泡菜 ………… 4杯（520g）
煎餅粉 … 1又½杯（165g）
水 …………… 1杯（180ml）
細辣椒粉 ………… 1大匙
食用油 …………… 6大匙

將泡菜放入缽盆裡，並以剪刀剪成2cm段狀。

若泡菜太酸可加入砂糖！

將煎餅粉倒入放有泡菜的缽盆裡。

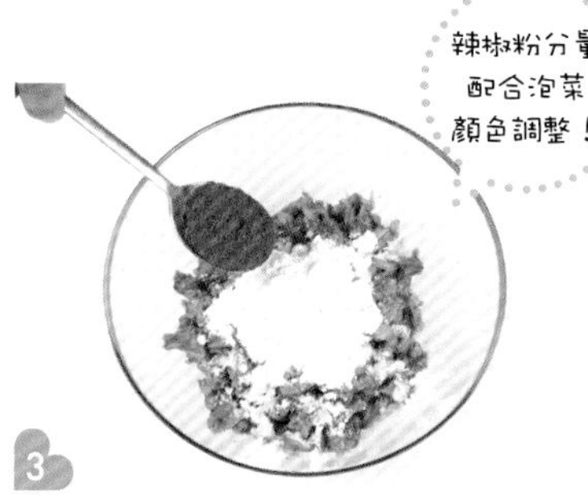

辣椒粉分量配合泡菜顏色調整！

放入細辣椒粉，以增添色彩。

加水並將麵糊攪拌均勻。

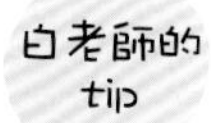

由於雞蛋會有股腥味，所以煎餅裡最好不要放入雞蛋。另外，煎餅裡也可添加肉類，如：煮熟的魷魚、豬絞肉、罐頭鮪魚等。不過，要注意添加的材料分量需為泡菜的三分之一左右。
想使用青陽辣椒的話，可以不用來當作裝飾，而是先切成辣椒末加入麵糊裡，便能確實提引出辣味。
如果覺得煎餅太大片不容易翻面，可以在煎的時候只放入一點點的麵糊，煎餅就不會過大。

確認麵糊的顏色與濃度，視狀況再加入適量的水與細辣椒粉。麵糊要有點黏稠才行。

將食用油倒入寬口鍋，並以大火熱鍋。

將1～2勺的麵糊倒入鍋內並推平，再轉中火半炸半煎。

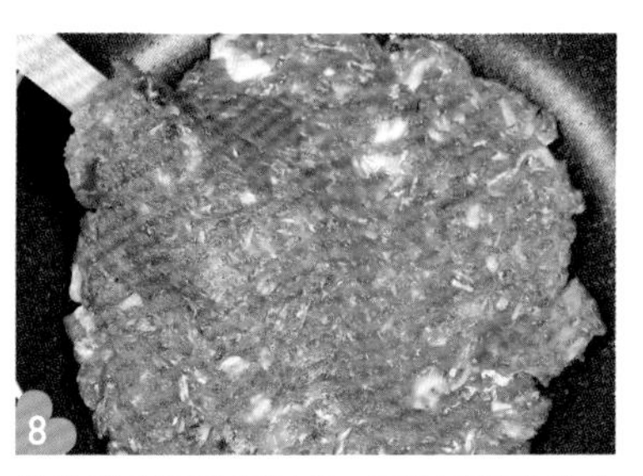

當煎餅底面熟透以後，用鏟子稍微將煎餅鏟起，並往鍋子中間加入一點點油，翻面繼續將另一面煎熟即可完成。

泡菜豬肉鍋

Point 想讓泡菜鍋變得更加美味，就要煮出油香，
所以要將豬肉放入洗米水裡長時間燉煮，
充分煮出豬肉脂肪的香味。

材料（4人份）

豬肉（梅花肉）…… 1 杯（130g）
泡菜 …………… 3 杯（390g）
洗米水 ‥ 2 又 ⅔ 杯（480ml）
青陽辣椒 ……… 2 根（20g）
大蔥 ………… ⅔ 根（約 70g）
蒜泥 ……………………… 1 大匙
粗辣椒粉 ……………… 1 大匙
細辣椒粉 ……………… ½ 大匙
湯用醬油 ……………… 1 大匙
蝦醬 ……………………… 1 大匙

1 將大蔥切成1cm厚的蔥末、青陽辣椒切成0.3cm厚的粗末。

2 將豬肉切成厚1.5cm、長5cm的小塊。

3 將豬肉放入鍋裡。

4 將洗米水倒入放有豬肉的鍋裡。

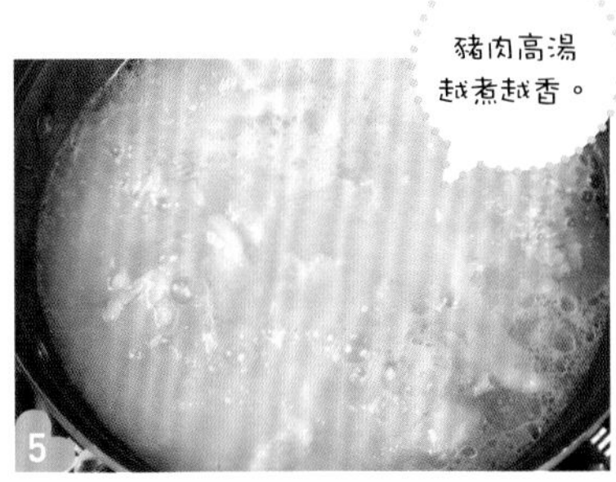

5 開中火，煮到豬肉熟透為止。鍋裡湯汁作為高湯使用。

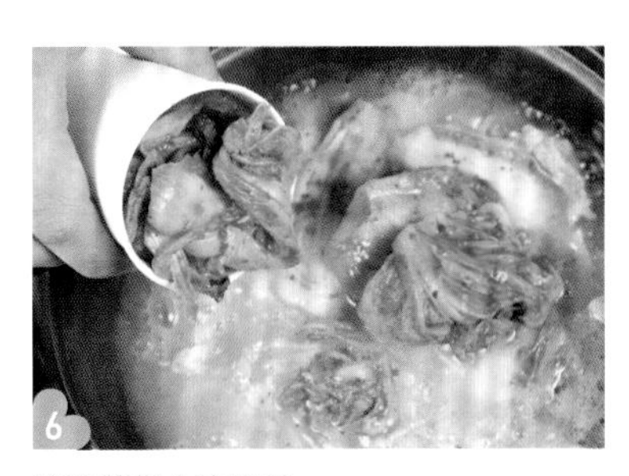

6 將泡菜倒入高湯裡。

7 加入大蔥、青陽辣椒、蒜泥。

8 加入粗辣椒粉與細辣椒粉，以增添料理色彩。

倒入湯用醬油來提香。

加入蝦醬來調味。

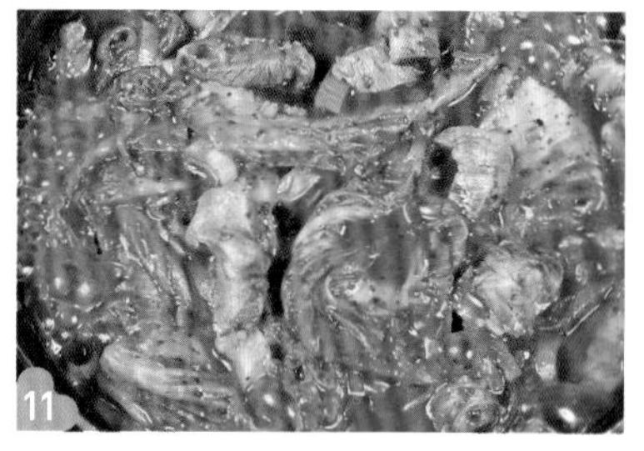

以中火繼續燉煮，煮到泡菜完全熟透，即可完成。

泡菜與豬肉的比例為3：1，可以依照個人喜好予以增減。
鍋湯的味道最好是以「湯用醬油＋蝦醬」、「湯用醬油＋鹽巴」，或是「泡菜汁＋鹽巴」等，以兩種味道調和為佳，而這次所介紹的是使用了湯用醬油和蝦醬的組合。
加入大醬的話，能讓湯頭味道更加甘甜。若要使用大醬，可以將大醬加入用來燒煮豬肉的洗米水裡，也可以在最後一個步驟再加入，分量只需½大匙即可。
最後也可以再放入紅辣椒作裝飾。

芝麻油煎蛋

材料（4人份）

雞蛋 ………………… 7顆
芝麻油 ………… 4大匙
湯用醬油 …… 2大匙

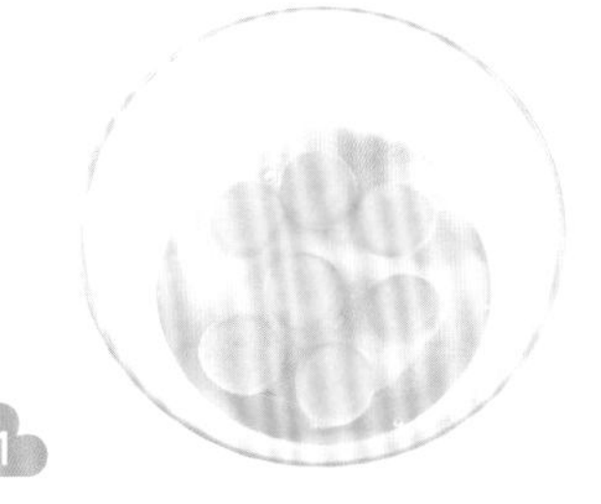

1 在缽盆裡打入7顆蛋，請注意不要弄破蛋黃。

2 將芝麻油倒入寬口鍋，讓油布滿鍋底，開大火熱鍋。

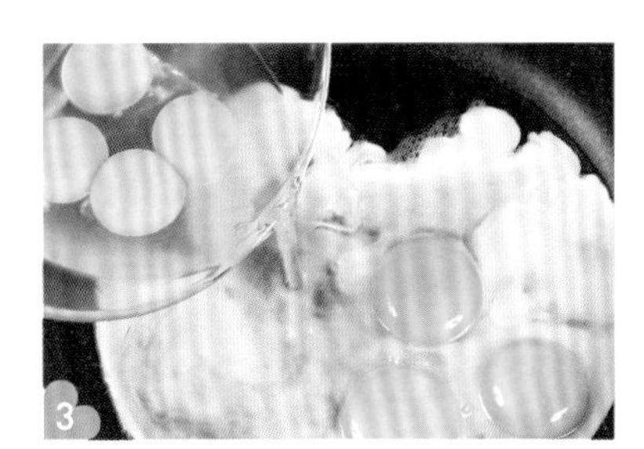

3 將雞蛋倒入鍋子裡煎熟。

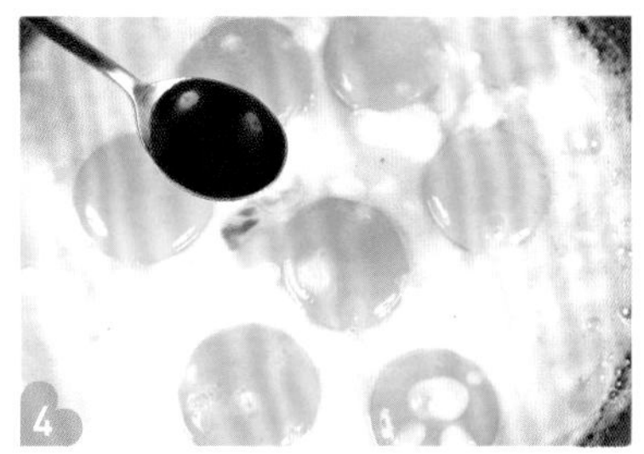

4 倒入湯用醬油調味，雞蛋煎至半熟即可完成。

香炸罐頭鮮魚

Point

在炸魚的時候，處理生鮮魚肉與拿捏火候都很有難度，
所以很多人在自家炸魚時，總是搞得煙霧瀰漫，炸出來的魚也有腥味。
可是只要改用罐頭鮮魚的話，就能簡單炸出美味好吃的佳餚唷！

材料（4人份）

鯖魚罐頭 ······ 1罐（400g）
秋刀魚罐頭 ···· 1罐（400g）
食用油 ········ 2杯（360ml）
酥炸粉 ··· 2又½杯（250g）
鹽 ······················ ½大匙
胡椒粉 ···················· 少許

魚罐頭倒出過篩，將魚肉與罐頭裡的湯汁分離。

將酥炸粉倒入大缽盆裡。

將過了篩的魚肉放入缽盆裡，並均勻沾裹上酥炸粉，以免魚肉上仍殘留水分。

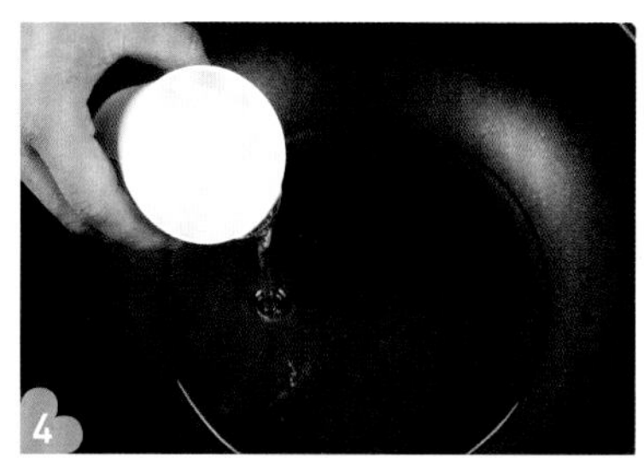

將食用油倒入寬口鍋，並以大火熱鍋。

將沾好酥炸粉的魚肉放入油鍋裡半炸半煎。

持續翻煎，直到魚肉前後都變成金黃色且熟透為止。

將已熟透並呈現金黃色的魚肉取出，放在廚房紙巾上吸掉多餘油分。

將鹽與胡椒粉調和在一起，和魚肉一起盛盤即可。

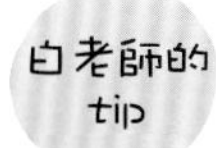

為了不讓生鮮魚肉的內裡過熟，通常我們會以小火慢慢煎炸，但罐頭魚肉因為已經是熟肉的關係，所以用大火快速煎炸即可。
若手邊沒有酥炸粉，也可以用麵粉來代替。
除此之外，也可以用調味醬來代替鹽。

醬燒馬鈴薯鯖魚

Point

一般的醬燒魚肉料理都會搭配白蘿蔔，
但使用罐頭魚肉時，因為所需的調理時間很短，
所以更適合搭配馬鈴薯薄片，
不僅可以很快熟透，而且更容易吸收醬汁。

材料（4人份）

- 鯖魚罐頭 ……… 1 罐（400g）
- 馬鈴薯 ….. 1 又 ½ 顆（270g）
- 洋蔥 ……………… 1 顆（250g）
- 大蔥 ………… ⅔ 根（約 70g）
- 青陽辣椒 ………… 3 根（30g）
- 水 ……. 罐頭 1 罐份（410ml）
- 蒜泥 ……………………… 1 大匙
- 辣椒醬 …………………… 1 大匙
- 粗辣椒粉 ……………… 3 大匙
- 一般醬油 ……………… 4 大匙
- 黃砂糖 …………………… 1 大匙
- 薑末 ………………………… 少許
- 香油 ……………………… 1 大匙

1 將大蔥與青陽辣椒切成0.3cm厚的粗末，馬鈴薯與洋蔥切成1cm厚的薄片。

2 將馬鈴薯一片一片放入深鍋。

3 再放入洋蔥，並連同湯汁一起放入罐頭鯖魚。

4 用筷子將鯖魚切半，挑出魚刺，並將鯖魚肉翻面使剖面朝下後開火燉煮。

5 放入大蔥、青陽辣椒、蒜泥。

6 加入薑末增添香氣。

7 放入辣椒醬與粗辣椒粉。

8 加入黃砂糖，讓料理增添香甜風味。

加入一般醬油調味。

倒入罐頭1罐份的水到快要蓋過食材的程度。

加入香油增添香氣。

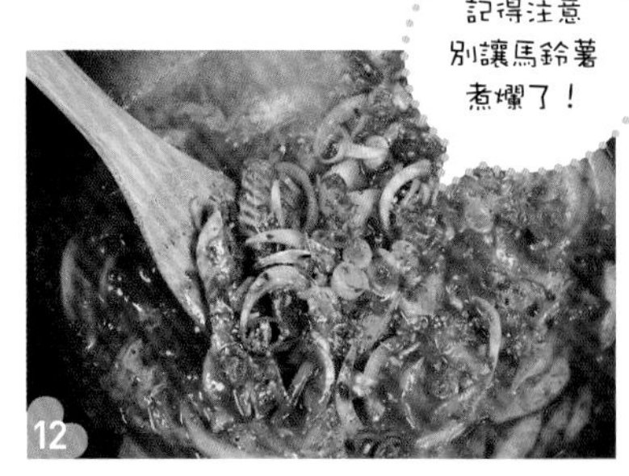

以中火燉煮到鍋裡湯汁收乾變少，待鯖魚入味即可完成。

白老師的 tip

只要先將鯖魚切半，並挑掉魚骨頭的話，就很方便食用。而切開來的魚肉也要記得將剖面朝下燉煮，這樣才能充分入味。

其實鍋類料理所需的調味料分量並沒有一定，可以依照個人喜好予以增減，覺得味道淡了點，就多加點醬油；覺得顏色太淡，就多放點辣椒粉；味道太鹹的話，就多加點水，請自行調整。

J.W Paik
ORIGINAL KOREAN

泡菜燉鯖魚

Point 雖然鯖魚的腥味很重，
但由於油脂豐富，只要調理得宜，
就能吃到比其他海鮮更加豐富的滋味。
在這道料理中，我們將利用泡菜來消除鯖魚的腥味。

材料（4人份）

- 泡菜 ·················· 2 杯（260g）
- 鯖魚罐頭 ·········· 1 罐（400g）
- 洋蔥 ·················· 1 顆（250g）
- 大蔥 ·············· ⅔ 根（約 70g）
- 青陽辣椒 ··········· 3 根（30g）
- 水 ········ 罐頭 1 罐份（410ml）
- 蒜泥 ························· 1 大匙
- 大醬 ························· 1 大匙
- 粗辣椒粉 ················· 3 大匙
- 一般醬油 ················· 2 大匙
- 黃砂糖 ····················· 1 大匙

1 將大蔥與青陽辣椒切成0.3cm厚的粗末，洋蔥切成0.5cm厚。

2 將泡菜鋪放在深鍋裡。

3 將罐頭鯖魚連同湯汁倒在泡菜上。

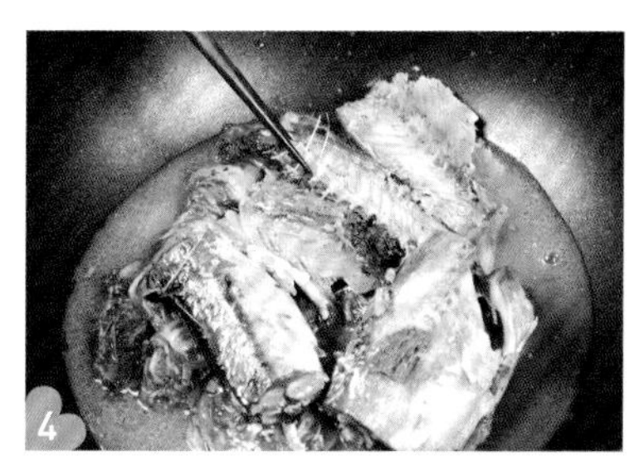

4 用筷子將鯖魚切半，挑出魚刺，並將鯖魚肉翻面使剖面朝下後開火燉煮。

5 將洋蔥、黃砂糖、蒜泥、粗辣椒粉、大醬加在鯖魚上頭。

6 加入一般醬油調味。

7 放入大蔥與青陽辣椒，再倒入罐頭1罐份的水燉煮。

8 以中火燉煮到鍋裡湯汁變少，待鯖魚入味即可完成。

這道泡菜燉鯖魚與前面介紹的醬燒鯖魚基本上只有兩點不同，就是使用泡菜代替馬鈴薯，並以大醬來代替辣椒醬。由於加入了大醬，所以不需要再加入薑。
這裡所使用的泡菜和鯖魚分量差不多相同，不過仍可以依照自己的喜好進行調整。

日式醬燒秋刀魚

Point 這道日式醬燒秋刀魚，
使用薑與醬油來去除秋刀魚的腥味。

材料（4人份）

秋刀魚罐頭 … 1 罐（400g）
薑片 ……………… 5 片（10g）
青陽辣椒 ……… 1 根（10g）
糯米椒 ………… 10 根（60g）
紅辣椒 ………… 1 根（10g）
水 ……………… ⅓ 杯（60ml）
料理酒 ……… ⅓ 杯（60ml）
黃砂糖 ……………… 2 大匙
一般醬油 …… ⅓ 杯（60ml）
食用油 ……………… 1 大匙

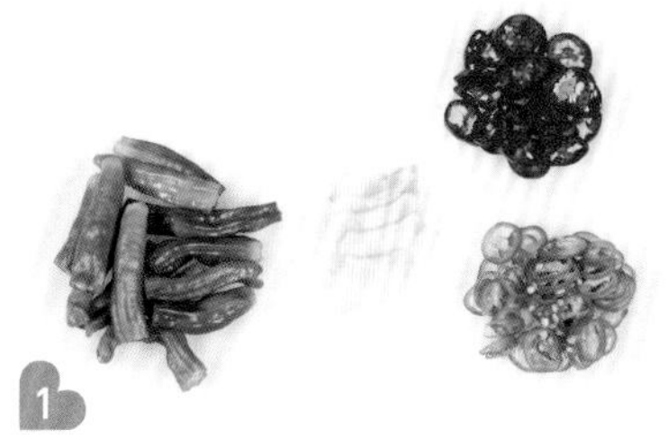

1 將糯米椒切成2等分，薑切成0.3厚的薄片，紅辣椒切成0.5cm厚、青陽辣椒切成0.3cm厚的粗末。

2 魚罐頭倒出過篩，將魚肉與罐頭裡的湯汁分離。

3 將薑片鋪放在深鍋裡。

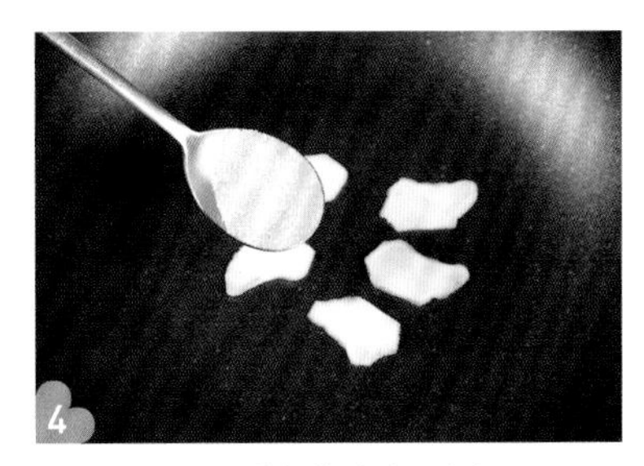

4 將黃砂糖放入鋪有薑片的深鍋裡。

5 倒入一般醬油，煮出日式醬燒料理的香味。

6 倒入料理酒與水攪拌均勻。

7 將過了篩的秋刀魚放入調味醬汁裡，以大火燉煮。

8 等鍋裡湯汁變少，便可放入青陽辣椒增添香氣。

倒入食用油增添光澤。

放入糯米椒增添香氣。

將秋刀魚翻面，燉煮到湯汁幾乎收乾。

等到湯汁幾乎都收乾，便可放入紅辣椒，並輕輕搖晃鍋子，使食材混合均勻，即可完成。

罐頭秋刀魚因為已經煮熟的關係，所以不需要燉煮太久，只要覺得秋刀魚外皮略熟，就可以結束調理。
生薑需切成薄片，才能更快釋放出味道。
醬燒辣椒與秋刀魚一起食用會更好吃，可以依個人口味多放點辣椒。

炒蝦仁

材料(4人份)

乾蝦仁 … 1又½杯(45g)
大蔥 ………… 2大匙(14g)
青陽辣椒 ……. 3根(30g)
食用油 ……………… 1大匙
黃砂糖 …………… ½大匙
鹽 …………………… ¼大匙

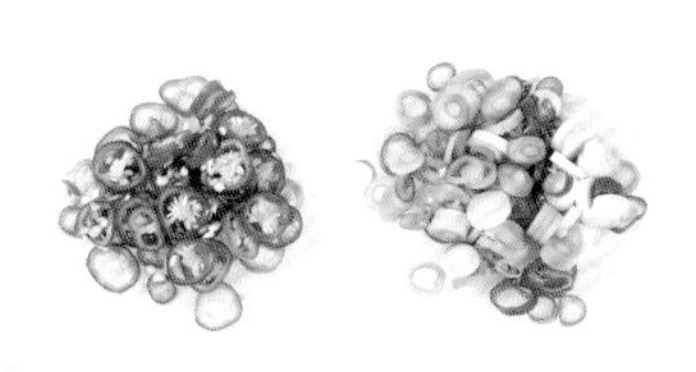

1 將青陽辣椒與大蔥切成0.3cm厚的蔥末。

2 乾蝦仁過篩去除雜質。

3 將食用油倒入寬口鍋，放入乾蝦仁、黃砂糖、鹽一起拌炒。

4 等到乾蝦仁確實吸收進黃砂糖和鹽巴後，放入大蔥與青陽辣椒一起拌炒，即可完成。

鍋燒豆芽飯

Point 接下來要介紹如何利用家庭用電子鍋
料理出這道分量十足、色香味俱全的鍋燒豆芽飯。

材料（4人份）

白米 ········ 3 杯（480g）
黃豆芽 ···· 3 杯（210g）
（水 3 杯+鹽巴 少許）

調味料

大蔥 ·········· ½ 根（50g）
青陽辣椒 ·· 2 根（20g）
紅辣椒 ········ ½ 根（5g）
一般醬油 ·· ¾ 杯（135ml）
黃砂糖 ·············· 1 大匙
芝麻鹽 ····· 1 又 ½ 大匙
蒜泥 ················ ½ 大匙
香油 ·················· 1 大匙

如果不曉得該如何斟酌煮黃豆芽的水量，可以用相當於煮飯所需的水量即可。
可以依照個人喜好，於調味醬裡加入辣椒粉或蒜苗。
拌飯的時候，也可加入一點點奶油增添風味。

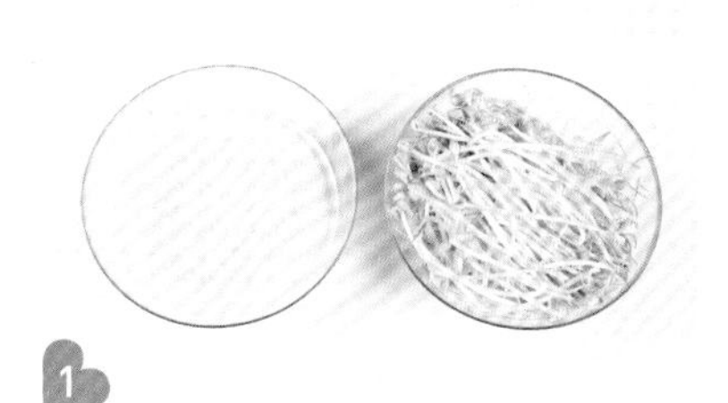

黃豆芽去殼洗淨，米洗淨後備用。

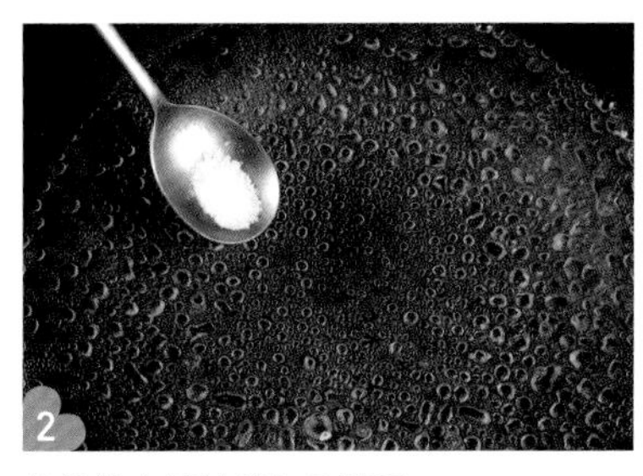

起鍋將水燒滾後加入鹽巴。

放入黃豆芽燒煮，水再次沸騰後，繼續煮2～3分鐘。

煮黃豆芽的水另外取出放涼。煮過的黃豆芽過冷水沖淨後，瀝乾水分備用。

將白米與放涼的黃豆芽水一起倒入電子鍋裡煮。

大蔥、青陽辣椒、紅辣椒先縱切成半後，再各切成0.3cm厚的粗末，一同放入缽盆裡。

將黃砂糖、芝麻鹽、蒜泥、一般醬油、香油一起放入缽盆裡拌勻成調味醬。

將黃豆芽放到煮好的米飯裡拌勻。黃豆芽飯盛碗與調味醬一同享用。

涼拌黃豆芽

Point

涼拌黃豆芽看起來作法簡單，但卻意外地很難料理出好滋味。
基本的涼拌黃豆芽是以大蒜和香油來提味，
其他的材料則可按照個人喜好來選擇。

材料（4人份）

黃豆芽 …… 3杯（210g）
（水3杯＋鹽少許）
蒜泥 …………… ½大匙
鹽 ………………… ⅓大匙
芝麻鹽 ………… 1大匙
香油 …………… ½大匙

基本涼拌黃豆芽

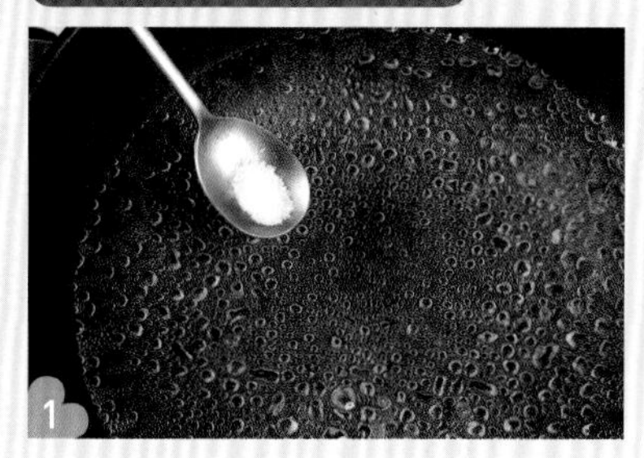

1 用鍋子將水燒滾後加入鹽巴。

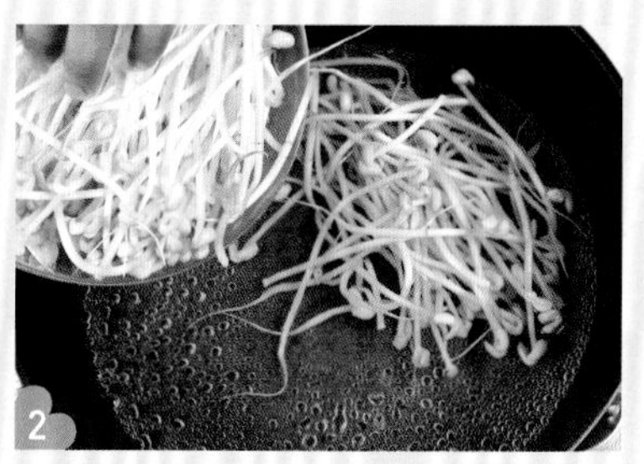

2 放入黃豆芽燒煮，等到水再次沸騰後，繼續煮2～3分鐘。

3 煮過的黃豆芽過冷水沖淨後，過篩瀝乾水分備用。

4 將黃豆芽放入缽盆裡，加入蒜泥、鹽、芝麻鹽。

5 放入香油拌勻，即可完成基本涼拌黃豆芽。

基本涼拌黃豆芽＋蔥

6 將蔥1根（12g）切成0.3cm厚的蔥末。

7 將蔥加入基本涼拌黃豆芽內拌勻，即可完成。

基本涼拌黃豆芽＋蔥＋紅蘿蔔

6 將蔥1根（12g）切成0.3cm厚的蔥末。

7 將蔥加入基本涼拌黃豆芽內拌勻。

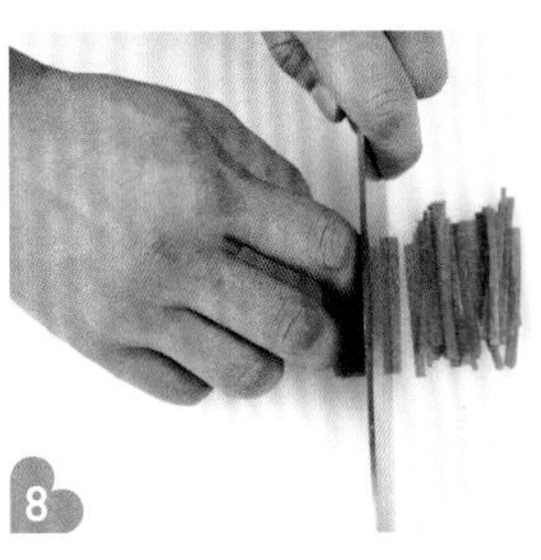

8 將紅蘿蔔⅛根（30g）切成0.3cm厚、6cm長的細絲。

9 放入紅蘿蔔拌勻，即可完成。

白老師的tip

味道清爽的基本涼拌黃豆芽，加入蔥或紅蘿蔔便可以增添色彩，而加入辣椒粉和一般醬油，則可以多了微微的刺激辛辣滋味。如果喜歡清爽的味道，那麼只需要做基本涼拌黃豆芽來當小菜即可，其他的材料都可按照喜好加入。

在煮黃豆芽的時候，鍋蓋請從頭到尾都蓋上，或從頭到尾都不蓋，這樣才不會產生腥味。

基本涼拌黃豆芽＋蔥＋紅蘿蔔＋醬油＋辣椒粉

將蔥1根（12g）切成0.3cm厚的蔥末。

將蔥加入基本涼拌黃豆芽內拌勻。

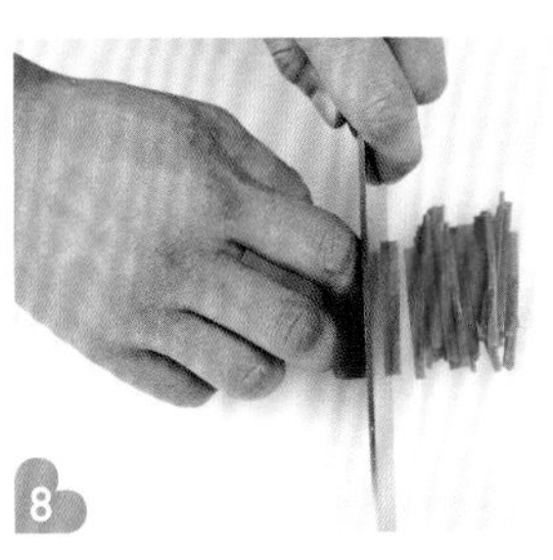

將紅蘿蔔⅛根（30g）切成0.3cm厚、6cm長的細絲。

放入紅蘿蔔拌勻。

加入醬油⅓大匙。

加入粗辣椒粉½大匙拌勻，即可完成。

辣黃豆芽湯

Point

這道料理完全能打破
黃豆芽只適合用來煮清湯的偏見了。
味道既醇厚又清爽，不管是作為家常菜也好，
還是當成下酒菜，甚至是宿醉後的解酒湯都毫不遜色。

材料（4人份）

黃豆芽 ……… 3杯（210g）
大蔥 ………… 1根（100g）
（蔥油用 ½根、裝飾用 ½根）
豬絞肉 ……… 1杯（90g）
洋蔥 ………… 1顆（250g）
香菇 ………… 5朵（100g）
青陽辣椒 …… 1根（10g）
紅辣椒 ……… 1根（10g）
水 …… 3又½杯（630ml）
食用油 ……………… 4大匙
粗辣椒粉 ………… 3大匙
一般醬油 …. ¼杯（45ml）
蒜泥 ………………… 1大匙
鹽 …………………… 1大匙

1 將青陽辣椒、紅辣椒、大蔥斜切成0.5cm厚、3cm長的粗末與薄片，洋蔥則切成0.5cm厚，香菇切成0.5cm厚的薄片。

2 將一半的蔥片與食用油倒入深鍋，開火稍微拌炒。

3 當大蔥呈現金黃色時，倒入豬絞肉拌炒。仔細攪拌，不要讓絞肉結塊。

4 等到絞肉炒熟變成白色時，即可加入粗辣椒粉攪拌均勻。

5 放入黃豆芽、洋蔥、香菇、水燉煮。

6 當湯汁開始沸騰，倒入一般醬油調味。

也可以利用蝦醬或魚露來做基本調味，再以醬油或鹽巴來補充不足的調味。
這道湯品在冷卻過後，再次燉煮會使味道更加濃厚。

7 加入蒜泥，用鹽補足調味，繼續燉煮。

8 煮到黃豆芽完全熟透，再加入剩下的大蔥與青陽辣椒、紅辣椒攪拌均勻，即可完成。

黃豆芽炒飯

Point 只要有萬能雞排醬與黃豆芽，
就能輕鬆做出這道黃豆芽炒飯。
這道料理的要點在於米飯下鍋拌炒之前，
要先將蔥油與醬料一起炒出香味。

材料（4人份）

黃豆芽 …… 6 杯（420g）
（水 6 杯＋鹽 少許）
白飯 ……… 4 碗（800g）
紅蘿蔔 ……… ⅕ 根（55g）
大蔥 ………… ½ 根（50g）
雞蛋 …………………… 4 顆
食用油 …… ⅓ 杯（60ml）
調味碎海苔 ……… 1 杯
芝麻 ……………… 2 大匙

萬能雞排醬

一般醬油 ………… ½ 杯
料理酒 …………… ½ 杯
黃砂糖 …………… ½ 杯
粗辣椒粉 ………… ½ 杯
辣椒醬 …………… ½ 杯
蒜泥 ……………… ½ 杯

萬能雞排醬的分量可依照個人口味進行調整。一般使用2杯左右的分量來進行料理即可。剩下的醬料可以冷藏保存約2週，除了可以用來做辣炒雞排，也可以用來做黃豆芽炒牛肉等各式各樣的料理。

1 煮過的黃豆芽過冷水沖淨後，過篩瀝乾水分備用。

2 將一般醬油、料理酒、黃砂糖、粗辣椒粉、辣椒醬、蒜泥放入缽盆裡拌勻，即可完成萬能雞排醬。

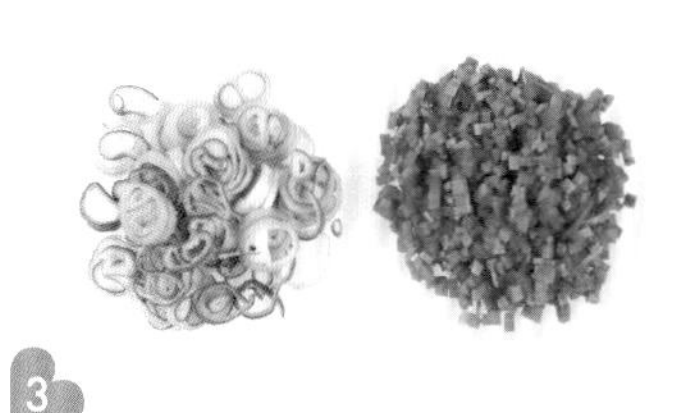

3 將大蔥切成0.3cm厚的蔥末，紅蘿蔔則切成0.3cm厚的丁狀。

4 將大蔥與食用油倒入寬口鍋，以大火拌炒至大蔥呈現金黃色。

5 當大蔥呈現金黃色時，即可放入紅蘿蔔，並加入萬能雞排醬稍微拌炒。

6 當醬料煮到有點濃稠時，即可放入白飯拌炒均勻。

7 加入煮過的黃豆芽，並以鏟子將所有食材拌勻，即可完成。

8 將炒好的黃豆芽炒飯盛碗，撒上海苔、芝麻，放上荷包蛋即可。

黃豆芽炒牛肉

Point

這道菜不僅只需要一般的材料就可以輕鬆完成，
由於牛肉搭配上大量蔬菜的關係，
營養也相當地豐富，
是最適合作為家常菜的美味佳餚。

材料（4人份）

- 黃豆芽 ········ 6 杯（420g）
- 五花肉薄片 ··········· 470g
- 大蔥 ··········· 2 根（200g）
- 洋蔥 ··········· 1 顆（250g）
- 杏鮑菇 ········· 1 朵（40g）
- 芝麻葉 ········· 8 片（16g）
- 芝麻 ··················· 1 大匙

萬能雞排醬

- 一般醬油 ········· ½ 杯
- 料理酒 ············ ½ 杯
- 黃砂糖 ············ ½ 杯
- 粗辣椒粉 ········· ½ 杯
- 辣椒醬 ············ ½ 杯
- 蒜泥 ················· ½ 杯

將五花肉薄片中較大片的切半備用，洋蔥切成0.5cm厚，大蔥切成5cm長。

將芝麻葉縱切成半後，再切成2cm長的片狀，並將芝麻葉撥開散放，使葉片不要黏在一起。杏鮑菇切成厚0.5cm、長6cm的片狀備用。

將一般醬油、料理酒、黃砂糖、粗辣椒粉、辣椒醬、蒜泥放入缽盆裡並拌勻，即可完成萬能雞排醬。

將黃豆芽鋪滿寬口鍋。

再按照大蔥、洋蔥、杏鮑菇、五花肉薄片、芝麻葉的順序放在黃豆芽上。

加入事先調製好的萬能雞排醬。

撒上芝麻後開小火，煮到蔬菜開始出水時，再轉為中火繼續燉煮。

湯汁煮到變少時轉為小火繼續燉煮，邊煮邊攪拌鍋裡食材，使食材確實吸收調味醬。最後將牛肉剪成容易入口的大小，即可食用。

烹調黃豆芽炒牛肉時沒有加水，只靠黃豆芽等蔬菜的水分來調理，所以味道十分香甜。
享用這道料理時，可以放在餐桌中央邊吃邊開火燉煮，只要持續添加牛肉或黃豆芽即可。
調味醬請不要一口氣全部放入鍋裡，先放一半即可，之後再依口味鹹淡調整。

料理魷魚的基本功

1 切開魷魚身體的處理方法

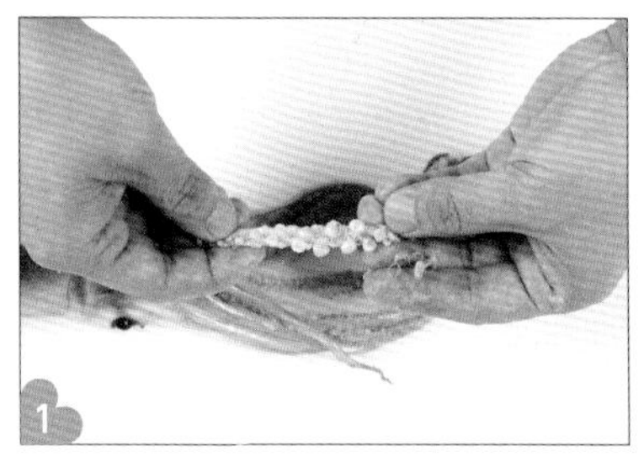

用力將魷魚腳（觸腳）上的吸盤脫除，以去除異物。

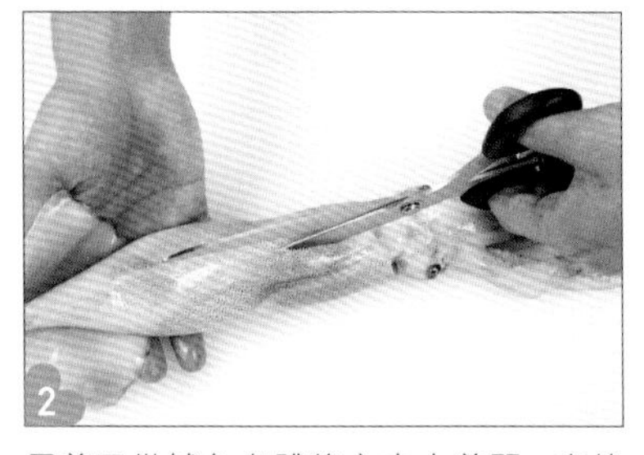

用剪刀從魷魚身體後方中央剪開，直線剪到底。

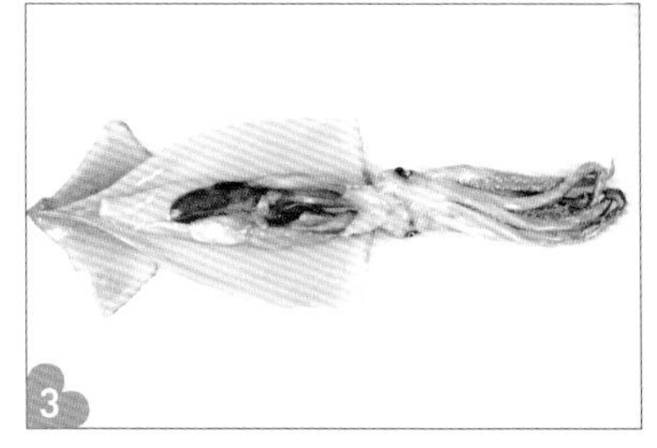

將身體部分扒開，使裡頭的內臟露出。

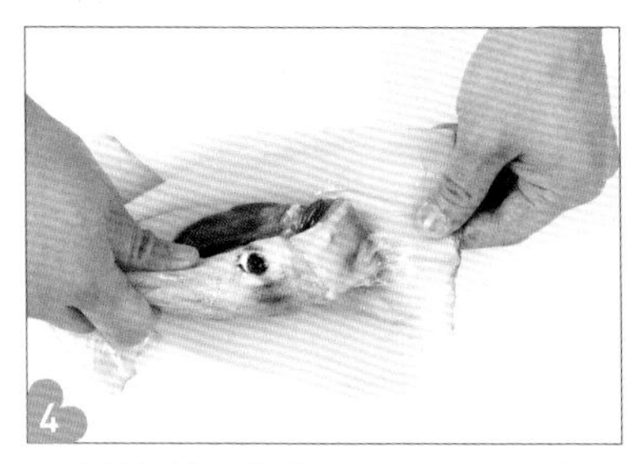

一手抓住魷魚身體尾端，另一手抓住內臟並往外拉除。

將身體中央部位的薄膜撕除。

將魷魚眼睛部位翻開，蓋住眼睛後用剪刀將魷魚腳的中央剪開。

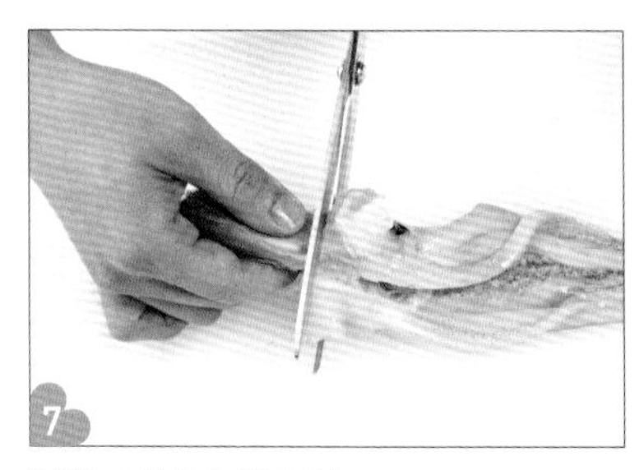

用剪刀分離內臟和腳。

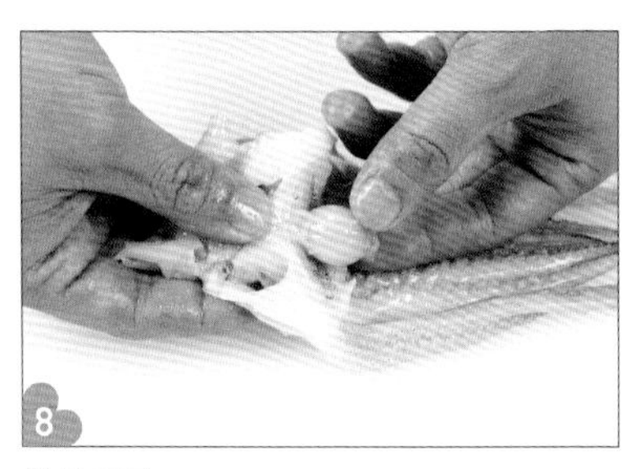

拔除眼睛。

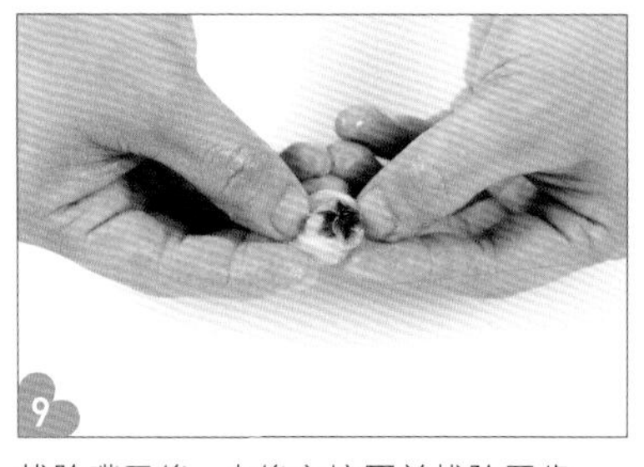

拔除嘴巴後，由後方按壓並拔除牙齒。

魷魚的身體越是鮮紅，眼睛越是透亮飽滿代表非常新鮮。不過，魷魚越新鮮腳上的吸盤異物也會越多，請務必要仔細去除。

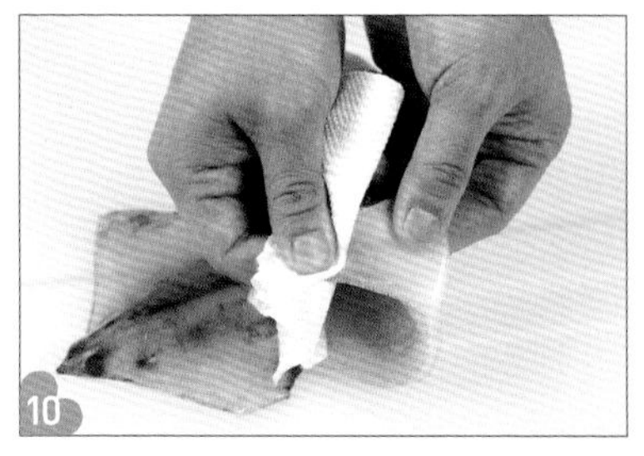

用乾燥的廚房紙巾包裹魷魚身體尾端的外皮並輕輕往外拉除，背鰭外皮也以同樣方式去除。

2 保留完整魷魚身體的處理方法

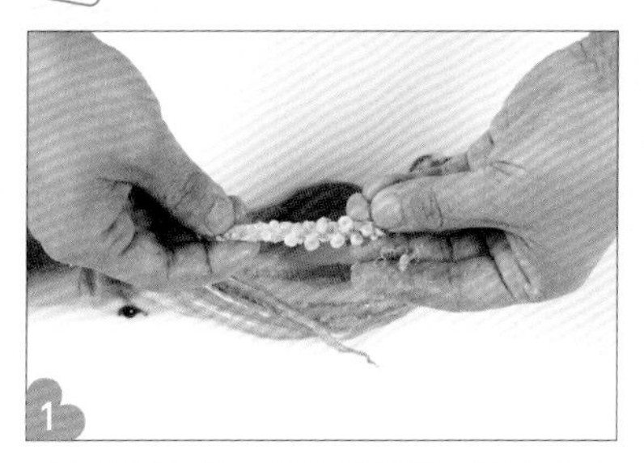

用力將魷魚腳上的吸盤脫除，以去除上頭的異物。

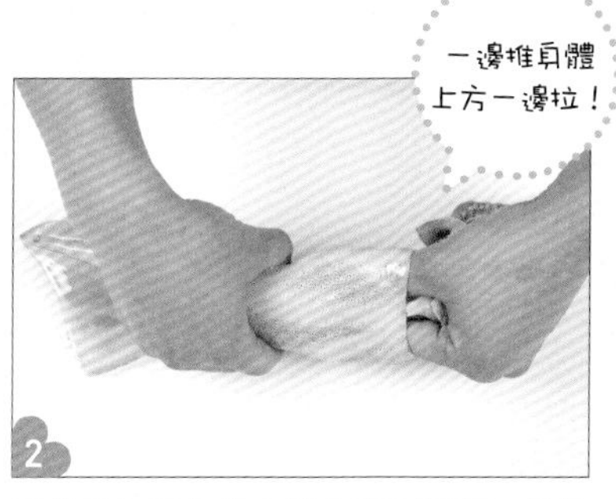

手指伸入魷魚的身體內直到尾端，然後拉出身體與內臟連結的部分。

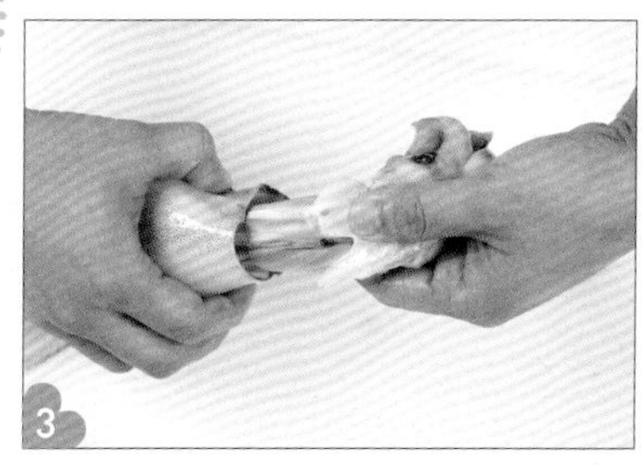

拉住魷魚腳，把內臟拉出來。

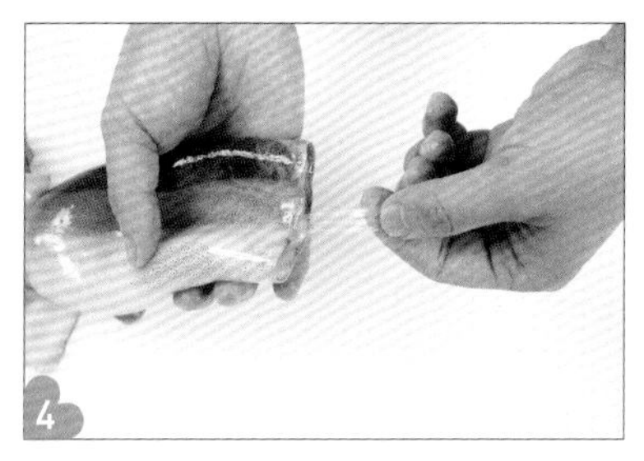

將身體裡沒去除的透明骨板和其他異物清乾淨。

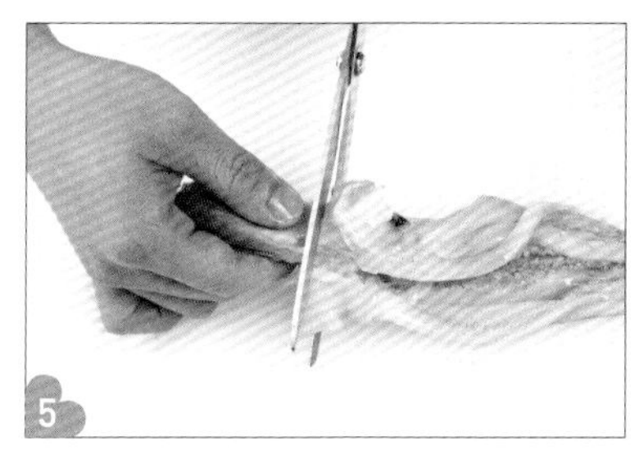

魷魚腳和內臟的處理方式同「切開魷魚身體的處理方法（步驟6～9）」。

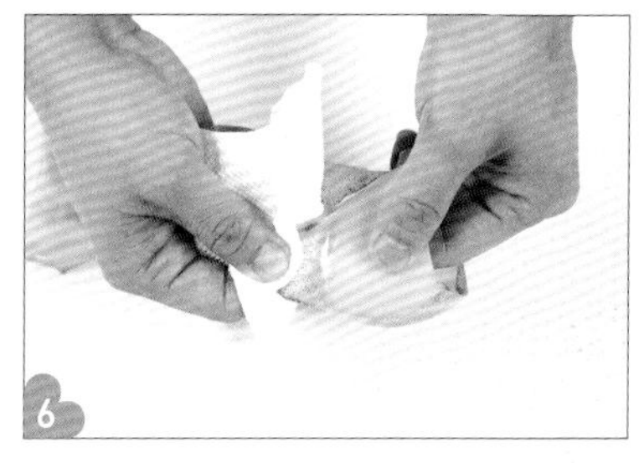

用乾燥的廚房紙巾包裹魷魚身體尾端與魚鰭外皮，並往外拉除。

3 汆燙魷魚

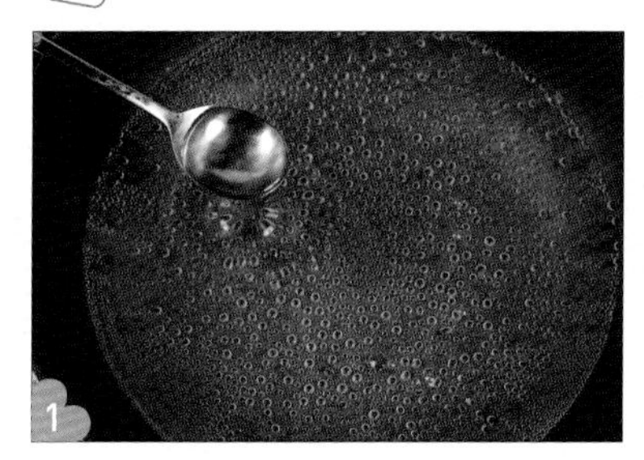

鍋內倒入5杯水並煮滾，加入料理酒2大匙、醋1大匙。

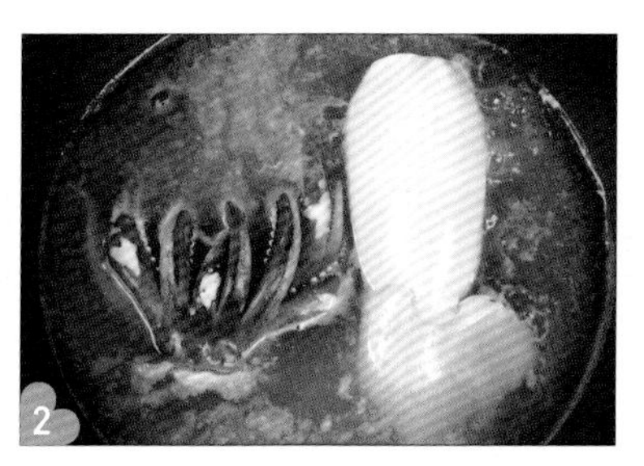

放入魷魚燙煮，直到魷魚身體熟透捲起。

將燙過的魷魚快速放入冷水或冰水，冷卻後立刻過篩瀝乾水分。

4 調製醋辣椒醬

將辣椒醬3大匙、黃砂糖1大匙、醋1大匙、水2大匙放入缽盆裡並拌勻。

可依個人喜好加入蔥或大蒜。

在製作放有大蒜的醋辣椒醬時，要注意提早放入大蒜的話，會因為熟成而使醬料走味，所以一定要在食用之前再放入大蒜。

燙魷魚

Point 魷魚燙煮過久肉質會變老，
所以要像吃涮涮鍋一樣輕輕氽燙幾下，
燙煮到魷魚肉變白，但仍保留魷魚的形狀，
才能吃到彈性與咬勁兼具的口感。

材料（4人份）

鱿魚 ……… 1隻（300g）
青陽辣椒 …. 1根（10g）
生菜 ……….. 1片（10g）
芝麻葉 ……… 1片（2g）
大蒜 ……… 1整顆（5g）
芝麻 ………………… 少許

汆燙魷魚

水 ……….. 5杯（900ml）
料理酒 …………. 2大匙
醋 ………………… 1大匙

醋辣椒醬

辣椒醬 …………. 3大匙
黃砂糖 …………. 1大匙
醋 ………………… 1大匙
水 ………………… 2大匙
蒜泥 …………… ¼大匙
蔥 ………………… 1大匙
香油 …………… ½大匙
芝麻 ………………… 少許

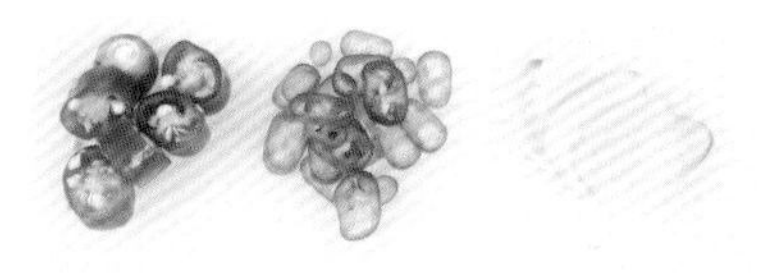

1 將一半的青陽辣椒切成0.3cm厚、另一半切成2cm厚的粗末，大蒜切成薄片。

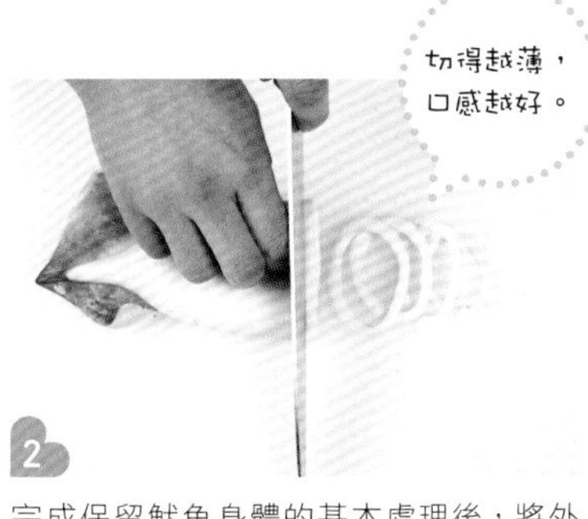

2 完成保留魷魚身體的基本處理後，將外皮剝開並燙煮熟透，再將魷魚身體部位切成0.4cm厚的魷魚圈。

3 將生菜和芝麻葉鋪放在盤子上，擺放上魷魚的身體部分。也可使用其他種葉菜來代替。

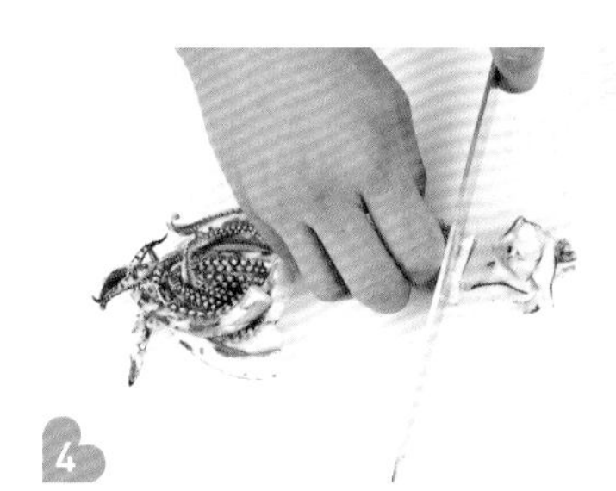

4 將魷魚身體下方的魷魚腳切開，並將其他特殊部位切成小塊。

5 將切成小塊的魷魚、切成0.3cm厚的青陽辣椒放入缽盆裡拌勻。

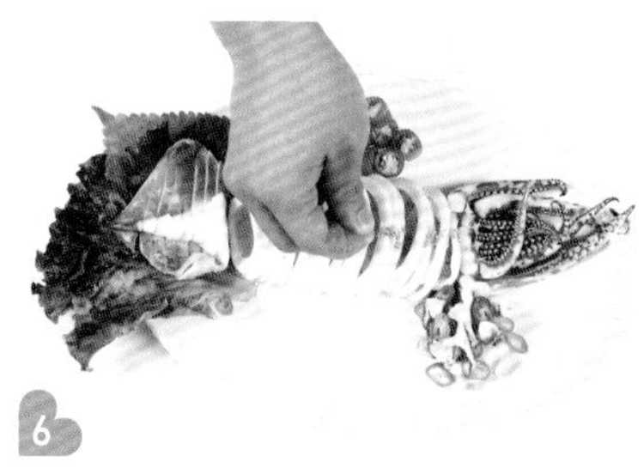

6 將拌勻的魷魚和魷魚腳與身體一起盛盤，再擺放上蒜片與切成2cm厚的青陽辣椒作裝飾。最後在魷魚身體撒上芝麻。

7 將辣椒醬、黃砂糖、醋、水調勻成醋辣椒醬。

8 將調好的辣椒醬分裝成兩盤，一盤加入少許蒜泥與芝麻，另一盤則加入蔥與香油，再撒上一點芝麻，即可搭配魷魚一起食用。

醋拌魷魚

Point

以醋辣椒醬作為基本調味，
並加入辣椒粉來增添色彩，
再使用一般醬油來提升香氣。

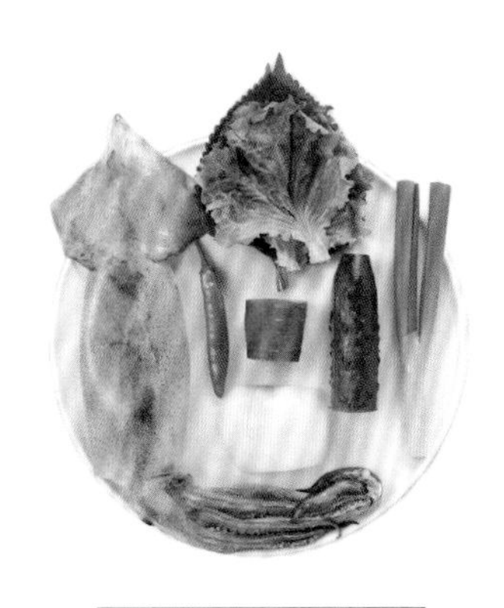

材料（4人份）

魷魚 ………… 1隻（300g）
洋蔥 ………… ½顆（125g）
青陽辣椒 ….. 1根（10g）
大蔥 ………… ½根（50g）
小黃瓜 …….. ½根（110g）
紅蘿蔔 ……… ⅕根（55g）
芝麻葉 ……… 4片（8g）
生菜 ………… 3片（30g）
粗辣椒粉 ……… 1大匙
一般醬油 ……… 1大匙
蒜泥 …………… ½大匙
香油 …………… 1大匙
芝麻 …………… 1大匙

汆燙魷魚

水 ………… 5杯（900ml）
料理酒 ………… 2大匙
醋 ……………… 1大匙

醋辣椒醬

辣椒醬 ……… 3大匙
黃砂糖 ……… 1大匙
醋 …………… 1大匙
水 …………… 2大匙

完成保留魷魚身體的基本處理後，將外皮剝開並燙熟，切成容易入口的大小。

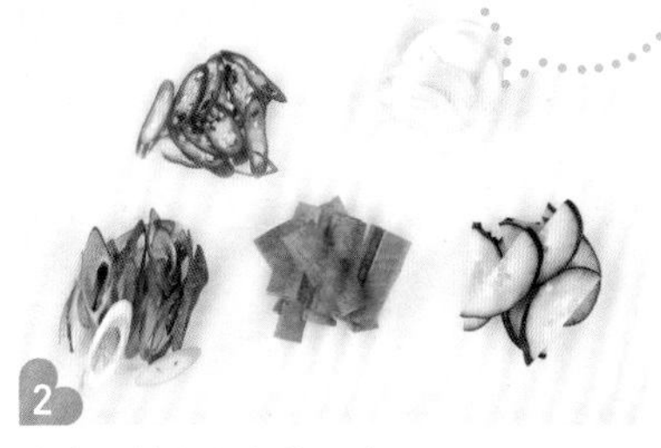

將青陽辣椒與大蔥切成3cm長、0.5cm厚的斜切片，洋蔥切成0.5cm厚的薄片，小黃瓜與紅蘿蔔則先縱切成半，再切成厚0.4cm、長4cm的小塊。

切掉芝麻葉與生菜的莖部，再撕成小塊散放到缽盆裡。

將所有蔬菜放進缽盆裡攪拌均勻。

將切好的魷魚裝入放滿蔬菜的缽盆裡。

倒入粗辣椒粉、蒜泥、一般醬油。

倒入以辣椒醬、黃砂糖、醋、水調成的醋辣椒醬來調味並攪拌。不要一次倒入所有醋辣椒醬，視味道鹹淡予以調整。

放入香油及芝麻攪拌均勻，即可完成。

辣炒魷魚

Point 利用了蔥油來提升風味，
可以和荷包蛋一起放到熱騰騰白飯上，
就可以享用到美味的魷魚蓋飯。

材料（4人份）

- 魷魚 ……… 2隻（600g）
- 大蔥 ……… 1根（100g）
  （蔥油用 ⅓根、熱炒用 ⅔根）
- 洋蔥 ……… 1顆（250g）
- 青陽辣椒 ……… 3根（30g）
- 紅辣椒 ……… 1根（10g）
- 紅蘿蔔 ……… ⅕根（55g）
- 高麗菜 ……… ⅙顆（400g）
- 水 ……… ½杯（90ml）
- 食用油 ……… 3大匙
- 黃砂糖 ……… 1又½大匙
- 蒜泥 ……… 1大匙
- 辣椒醬 ……… 1大匙
- 一般醬油 ……… ¼杯（45ml）
- 粗辣椒粉 ……… 3大匙
- 香油 ……… 2大匙
- 芝麻 ……… 1大匙

在做這道炒魷魚時，並不一定要先剝除掉魷魚的外皮，因為外皮吸收調味醬料以後會更加美味。不過，當外皮保留下來時，魷魚吃起來會比較韌，而且在切的時候刀子也很容易滑落，一定要格外小心。

辣炒魷魚

1 將大蔥⅓根切成0.3cm厚的蔥末，再將紅辣椒與青陽辣椒斜切成厚0.5cm、長3cm的薄片。洋蔥切成1cm厚、大蔥⅔根切成長5cm的小塊。紅蘿蔔切成0.4cm厚、5cm長的小塊，高麗菜切成1.5cm厚、5cm長的高麗菜絲。

2 除了切成0.3cm厚的蔥油用蔥末以外，將高麗菜絲弄散，與所有蔬菜一起拌勻。

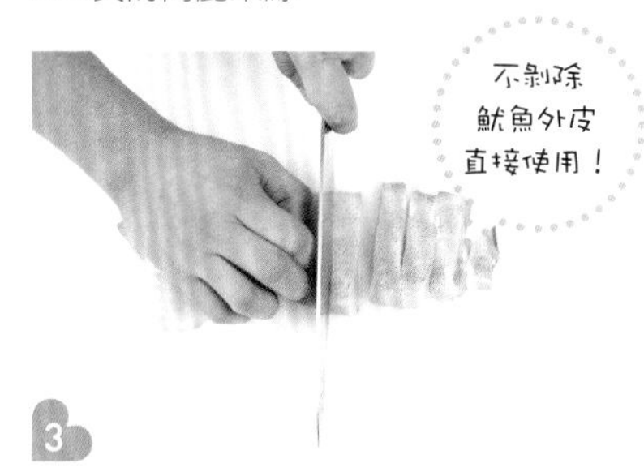

3 完成保留魷魚身體的基本處理後，不剝除外皮直接切成1.5cm厚的魷魚塊。

4 將切成0.3cm厚的大蔥與食用油倒入寬口鍋，大火拌炒到大蔥呈現金黃色。

5 當大蔥呈現金黃色時，倒入魷魚拌炒。

6 以大火一邊搖晃鍋子、一邊快速拌炒，炒至魷魚半熟。

7 當魷魚半熟時，加入黃砂糖拌勻。

8 倒入蒜泥、辣椒醬、粗辣椒粉、一般醬油。

一邊搖晃鍋子，一邊拌炒魷魚。

倒入水使調味醬料不至於結塊。

當調味醬料煮滾以後，將切好備用的蔬菜全部倒入鍋內一起拌炒。

以大火拌炒食材，蔬菜大致熟的時候轉小火。

在蔬菜還保有清脆口感的狀態下，加入香油與芝麻拌勻即可完成。

白老師的tip

在炒魷魚之前，可先將魷魚水煮燙熟後再炒，這樣炒出來的魷魚會更好看。相反地，如果未經汆燙就直接入油鍋炒的話，炒出來的樣子雖然不漂亮，但味道卻更好吃。不管魷魚是否先經過汆燙，後續的料理程序都相同，可以依照個人喜好來決定炒魷魚的方式。

在放入蔬菜以前，要先將味道調到略鹹、略濃的程度，這樣等放入蔬菜以後，味道才會變得適中，色彩更加漂亮。

可先將生菜或芝麻葉鋪放在碗盤裡再盛盤，並將魷魚堆高，看起來就會很豐盛。

材料（1人份）

- 炒魷魚 ⋯⋯⋯⋯⋯ 1人份，適量
- 白飯 ⋯⋯⋯⋯⋯⋯ 1碗（200g）
- 雞蛋 ⋯⋯⋯⋯⋯⋯⋯⋯⋯ 1顆
- 食用油 ⋯⋯⋯⋯⋯ ⅓ 杯（60ml）
- 辣椒醬 ⋯⋯⋯⋯⋯⋯ ½ 大匙
- 香油 ⋯⋯⋯⋯⋯⋯⋯ ½ 大匙
- 芝麻 ⋯⋯⋯⋯⋯⋯⋯ ⅓ 大匙

魷魚蓋飯

14 用飯碗將白飯盛裝在盤子中央。

15 將足量的食用油倒入平底鍋，熱油後將蛋打入鍋裡煎成荷包蛋。

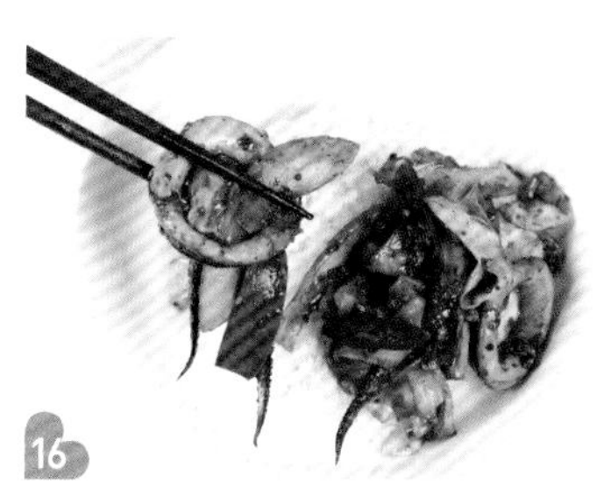

16 將已經完成的炒魷魚放在白飯旁邊。

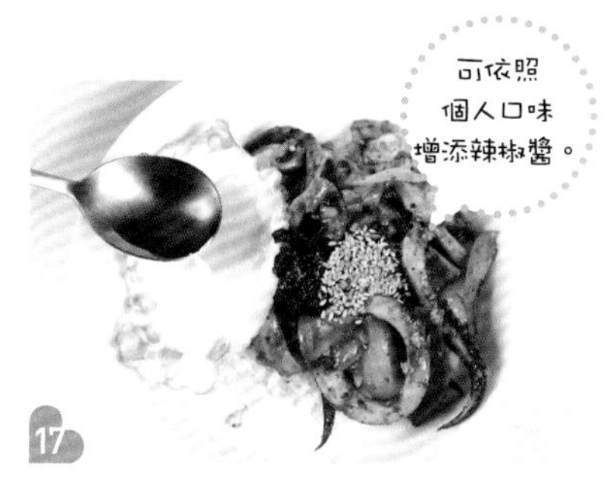

可依照個人口味增添辣椒醬。

17 在炒魷魚上擺放荷包蛋，加上辣椒醬、香油、芝麻。

白老師的tip

蓋飯與炒飯搭配上中式荷包蛋最對味。中式荷包蛋的製作重點，在於煎蛋時用的油量要充足，而且溫度要夠高像是用炸的方式。在蛋逐漸熟透的期間，將鍋內的熱油往蛋黃上淋，這樣做出來的荷包蛋才會好吃。

中式串烤魷魚

Point 把熱騰騰的蔥油和辣椒粉混合在一起，
做成料多的中式辣油，就能帶出串烤魷魚的風味。
中式辣油亦可運用在涼拌豆芽菜等各式料理。

材料（4人份）

- 魷魚 ·················· 2隻（600g）
- 大蔥 ···················· ¼根（25g）
- 食用油 ············ 6杯（1080ml）
  （辣油用 ⅓杯、油炸用 5又⅔杯）
- 粗辣椒粉 ···················· 3大匙

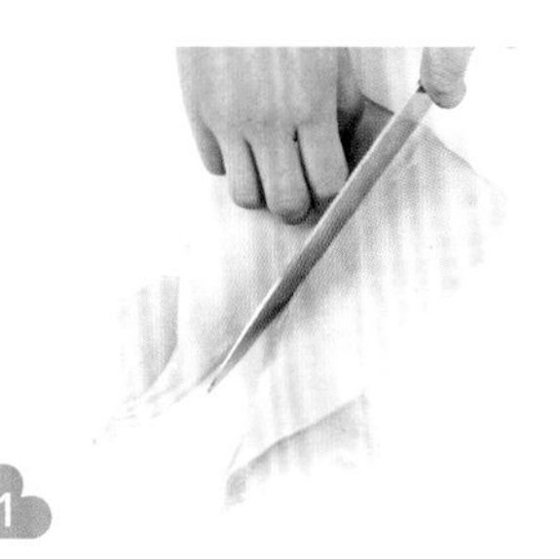

魷魚切開身體並經過基本處理，再將身體與腳切半。

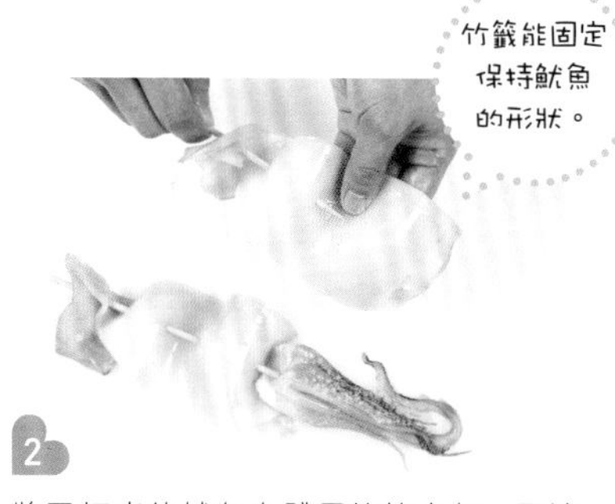

將已切半的魷魚身體用竹籤串起，尾端再把魷魚腳串進去。

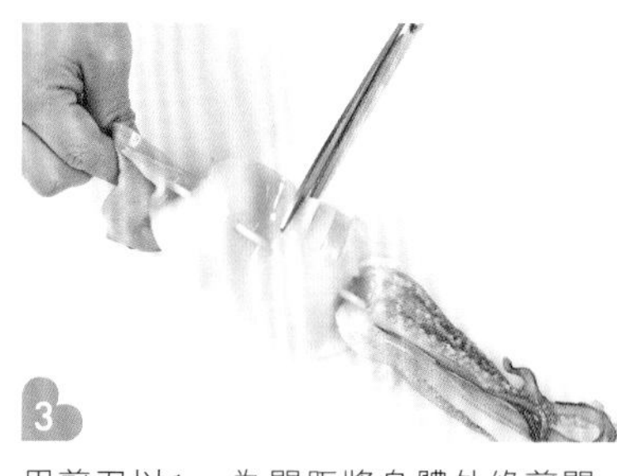

用剪刀以1cm為間距將身體外緣剪開，再用廚房紙巾將水分擦乾。

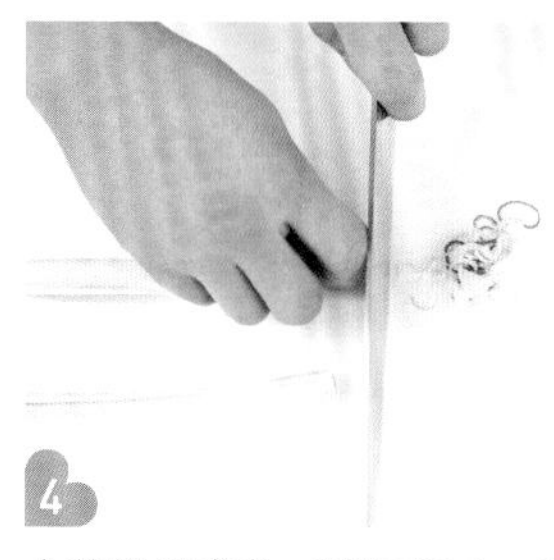

大蔥縱切成半，再切成0.3cm厚的蔥末。

將大蔥與食用油倒入寬口鍋，並以大火拌炒至大蔥呈現金黃色。

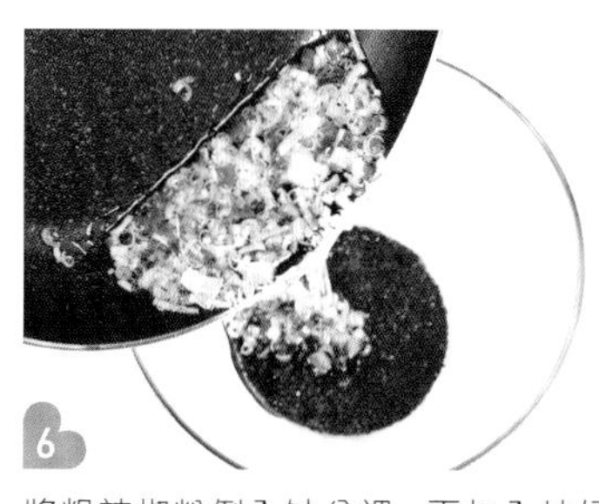

將粗辣椒粉倒入缽盆裡，再加入炒好的蔥油拌勻做成辣油。

深鍋裡倒入食用油，以大火加熱。

等油熱後，將整串魷魚放入鍋內油炸。

拔除掉牙齒的魷魚嘴也可串在竹籤上，一起下鍋油炸。

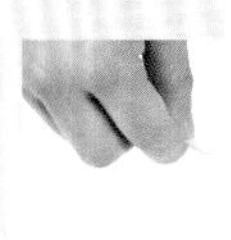

蓋上鍋蓋避免熱油噴出，以大火油炸。

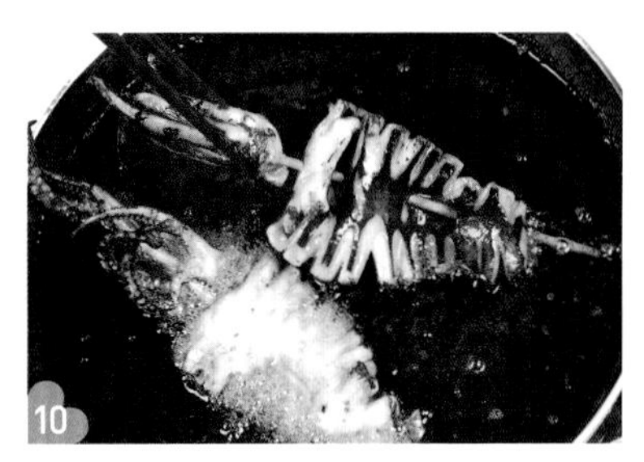

油炸過程中不時打開鍋蓋將魷魚翻面，等到炸至熟透後即可取出瀝油。

在炸魷魚上塗抹調製好的辣油。

將魷魚從竹籤上取下，並以剪刀剪成容易入口的大小。

蔥油要趁正熱的時候與辣椒粉一起拌勻。
魷魚在油炸之前，一定要將水分擦乾，而且油炸時一定要蓋上鍋蓋，才能防止熱油濺出。
可依照個人喜好，在炸魷魚上撒咖哩粉享用。

炒馬鈴薯絲

材料（4人份）

馬鈴薯 … 2顆（360g）
（水8杯＋鹽 ½ 大匙）
紅蘿蔔 … 1杯（40g）
洋蔥 …. ½ 顆（125g）
食用油 … ¼杯（45ml）
鹽 …………. ⅓ 大匙
胡椒粉 ………. 少許

1 將洋蔥切成0.3cm厚、紅蘿蔔切成0.3cm厚、馬鈴薯切成0.5cm厚的細絲。

2 將鹽和馬鈴薯放入滾水中，煮熟後撈出瀝乾水分。

3 將食用油倒入寬口鍋，倒入洋蔥與紅蘿蔔一起拌炒。

4 炒至洋蔥與紅蘿蔔熟透並散出透明光澤，倒入馬鈴薯一起拌炒。

5 撒上鹽巴與胡椒粉調味，拌勻後即可完成。

第4章

特殊節日吃的風味家常菜

比外面餐廳還要可口的
特別風味家常菜

在家也能吃到不輸烤肉店的美味烤豬肉、
招待客人也不失大方的咖哩料理，
以及吃過就忘不了的西式豬排飯。
與家人一起分享用餐的喜悅吧。

烤豬肉

Point

只要料理得宜，在家裡用平底鍋也能煎出
比外面餐廳賣的炭火燒肉還要好吃的烤肉。
這道食譜集結了讓您在家也能吃到美味烤豬肉的祕訣。

醃肉

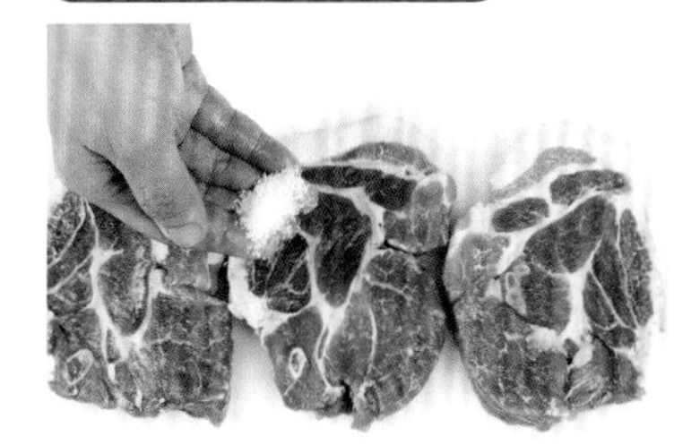

五花肉
撒上鹽巴

梅花肉
撒上鹽巴與胡椒粉

豬頸肉
放入鹽、胡椒粉、蒜泥。

加入香油並攪拌均勻。

調製3種調味醬

油醬
調和鹽1大匙、香油2大匙、胡椒粉少許並拌勻。

蒜蓉醬
調和蒜泥1大匙、香油2大匙並拌勻。

包飯醬
調和大醬 1 大匙、辣椒醬 ⅓ 大匙、粗辣椒粉 1 大匙、蒜泥 ½ 大匙、汽水 2 大匙、香油 1 大匙並拌勻。

用來醃豬肉的基本醃料就是鹽。醃料的濃度以無需再使用其他調味料的分量為準。
蒜蓉醬也很適合搭配牛肉享用。
調製包飯醬所使用的汽水也可用糖水來代替。

涼拌蔥絲

1 將一般醬油、醋、黃砂糖、粗辣椒粉、蒜泥放入缽盆裡並拌勻成調味醬。

2 將蔥絲放入缽盆，倒入調味醬拌勻。

材料（4人份）

蔥絲 …………… 3杯（150g）
黃砂糖 ……………… ½大匙
一般醬油 …… 2又½大匙
醋 ……………………… ½大匙
粗辣椒粉 …… 1又½大匙
蒜泥 ………………… ½大匙
香油 ………………… ¼大匙

3 加入香油增加香氣。

4 以筷子攪拌食材，使蔥絲吸收調味醬。

一般的涼拌蔥絲有3種類型。有利用香油和辣椒粉製成的涼拌蔥絲，也可放入醬油和醋來醃製，還可以利用醋辣椒醬來製作。本篇所介紹的涼拌蔥絲則是以醬油和醋來醃製的種類，重點是在最後時加入香油，因為當醋和香油結合在一起，會產生讓人意想不到的豐富滋味。蘋果醋的酸味不夠，建議使用釀造醋為佳。

5 以剪刀將蔥絲剪成適合入口的長度。

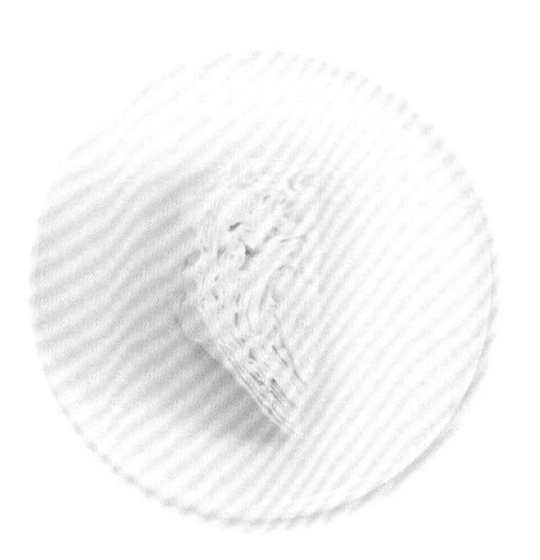

高麗菜包菜

材料（4人份）

高麗菜 … ¼ 顆（600g）
水 ……… 1 杯（180ml）

1 將高麗菜切成容易吃的大小，並放入微波碗裡。

2 將水倒入放有高麗菜的微波碗內。

3 用保鮮膜將碗包起，並用筷子在保鮮膜刺出3～4個洞，做出透氣孔並放入微波爐微波大約10分鐘。

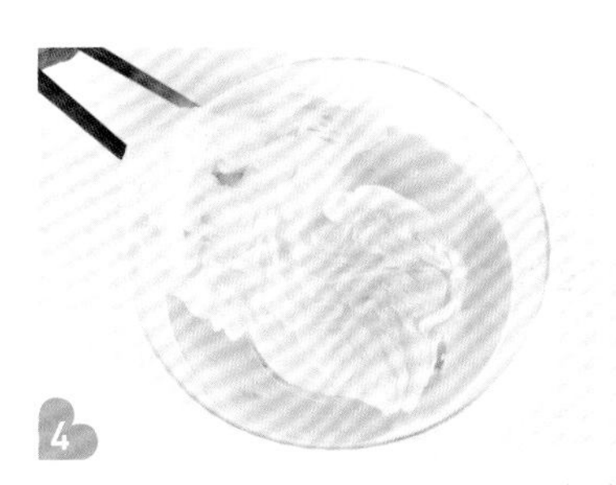

4 將微波過的高麗菜用冷水沖淨並瀝乾水分，即可搭配烤肉和包飯醬一起享用。

烤豬肉的訣竅

在烤肉以前，要先用大火充分熱鍋後再烤。利用大火烤肉時，減少翻面次數才能使肉汁不流失。每一片肉在烤完以後，要先將鍋內剩餘的油分擦乾淨，才能再烤下一片肉。另外，烤肉的時候為了防止熱油濺出，可用廚房紙巾稍微遮蓋。享用烤肉的時候，若是一次吃到各種不同部位的肉，可先從油花少的部位吃起，這樣才能吃出肉本身的甜味，例如：先從梅花肉吃到護心肉，再接下來可吃上背肉或排骨，五花肉則放到最後再享用。

焦糖洋蔥咖哩

Point

這道咖哩裡加入久炒而馨香的洋蔥，滋味格外豐富。
作法非常簡單，只要將食材充分煮熟後，
加入咖哩粉燉煮，就能煮出這道美味佳餚。
此料理的靈魂並非咖哩粉，而是經過長時間炒出香甜味道的洋蔥。

材料（4人份）

市售咖哩粉 ………… 1包（100g）
牛肉（烤肉用）……… 3杯（270g）
洋蔥 …………………… 2顆（500g）
馬鈴薯 ……… 1又¼顆（225g）
紅蘿蔔 ……………… ½根（135g）
水 …………………… 4杯（720ml）
食用油 ……………… ½杯（90ml）
胡椒粉 ………………………… 少許

白老師的tip

請丟掉過去對咖哩中蔬菜模樣的成見，當將蔬菜切成絲狀來進行調理時，不僅能夠快速煮熟，有別以往料理的形式也能吃出新食感。
這裡的作法，若加入½大匙的砂糖，就能讓咖哩味道更加溫潤柔和，而加入½大匙的細辣椒粉時，則會使這道料理的色彩更好看，同時也會增添辛辣滋味。如果希望味道更加嗆辣，可嘗試加入少量的生薑。另外，加入⅓杯的番茄醬或番茄，能使味道變得酸甜又有層次，而加入1小塊奶油時，咖哩的味道則會變得更加香醇。可以依照個人喜好，加入不同食材來給予料理不同變化。

1. 將馬鈴薯和紅蘿蔔切成0.3cm厚、3cm長的細絲，牛肉切成3cm長的薄片，洋蔥切成0.3cm厚的細絲。

2. 將食用油倒入深鍋，並倒入洋蔥與胡椒粉，以中火將洋蔥炒到呈現淺焦糖色。

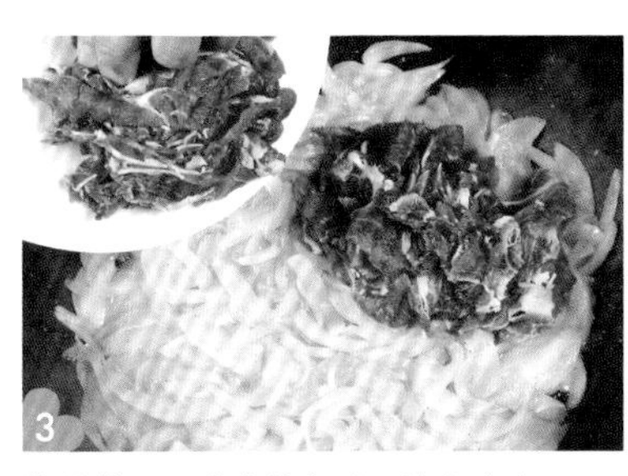

3. 當洋蔥呈現淺焦糖色時，放入牛肉。

4. 放入馬鈴薯絲與紅蘿蔔絲一起拌炒。

5. 當食材熟了以後加入水。水量請參考咖哩粉外包裝上的說明。

6. 以中火燉煮，直到牛肉充分釋出肉汁，且鍋內湯汁呈現淺焦糖色為止。

7. 放入咖哩粉並攪拌均勻後，即可關火並完成。

梅花肉排咖哩

Point 這道料理可以同時品嚐到豬排肉和切成大塊的蔬菜，
高級又可口的好滋味，外觀看起來又大方，
最適合用來當作接待客人的佳餚。

材料（4人份）

豬梅花肉	4塊（600g）
洋蔥	2又½顆（625g）
紅蘿蔔	⅔根（180g）
馬鈴薯	2顆（360g）
市售咖哩塊	1盒（120g）
紅甜椒	½顆（70g）
黃甜椒	½顆（70g）
青椒	½顆（70g）
水	7杯（1260ml）
白飯	4碗（800g）
食用油	¼杯（45ml）
鹽	少許
胡椒粉	少許

1 將紅、黃甜椒和青椒、紅蘿蔔、馬鈴薯切成四邊長3～5cm的塊狀，洋蔥切成0.5cm厚的薄片。

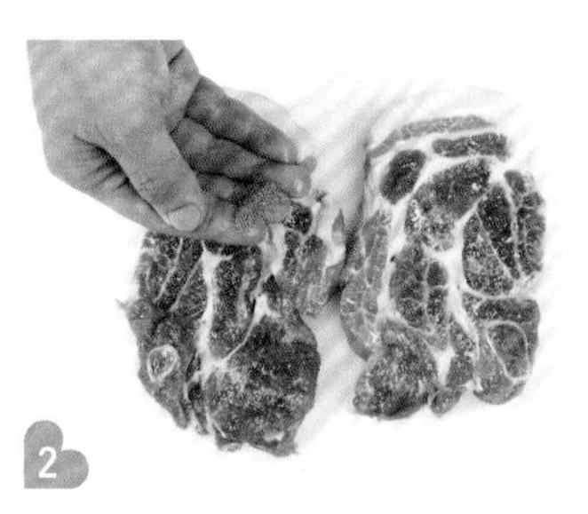

2 以鹽和胡椒粉醃梅花肉。

3 用刀沿著梅花肉四周邊緣切開。

4 用大火加熱過的鍋子快炒醃過的梅花肉。

5 加入洋蔥一起加熱。

6 當梅花肉快熟時，翻面繼續加熱。

7 將梅花肉翻面以後，倒入馬鈴薯與紅蘿蔔一起煮。

8 梅花肉更加熟透時倒入水。

以中火燉煮馬鈴薯，直到肉湯充分煮出味道為止。

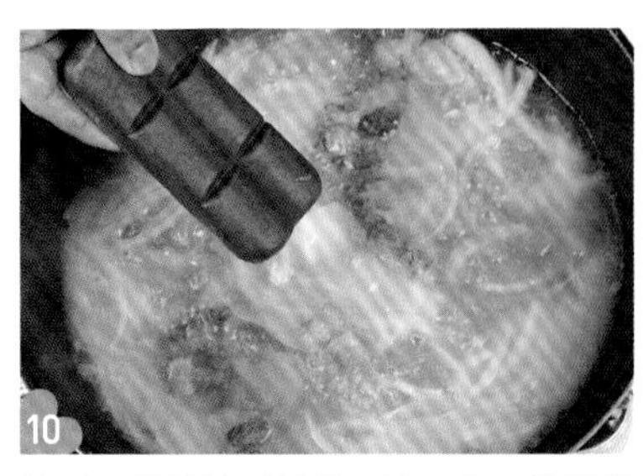

等到馬鈴薯熟透以後，放入咖哩塊並拌勻，再繼續燉煮一下。

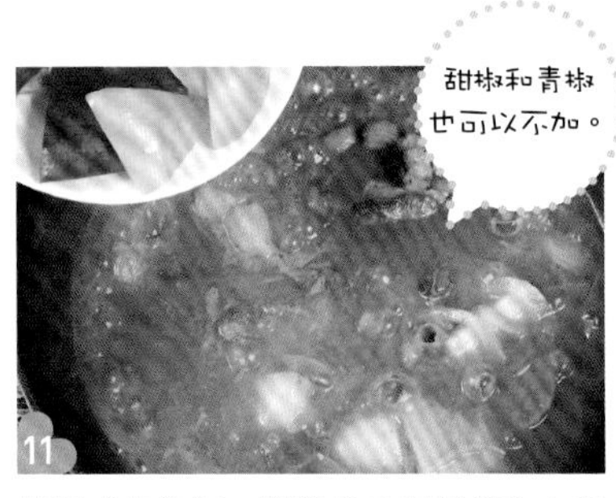

將切成塊的紅、黃甜椒及青椒倒入咖哩中增添色彩。

將白飯盛裝在盤子裡，撈起梅花肉和蔬菜放到白飯旁，最後淋上咖哩醬汁。

咖哩塊是咖哩粉加上棕櫚油凝固而成，由於含有油分的關係，所以味道比一般咖哩粉還要香甜。
豬梅花肉可用塞滿馬鈴薯或紅蘿蔔的整隻魷魚，又或者是雞腿等其他食材來代替，調理時間則依照各項食材的不同調整即可。
以雞肉當作主食材時，可加入青陽辣椒、大蔥、辣椒粉、醬油等基本調味料，這樣就能讓料理變身成咖哩辣炒雞肉。

宴會麵

Point 宴會麵的調味料、裝飾菜料、高湯和麵是需要分開一樣一樣準備的，
料理程序十分繁複，所以我研發了本篇要介紹的作法，
可以一口氣同時準備裝飾菜料和高湯。

材料（4人份）

青陽辣椒 …… 3 根（30g）
蔥 …………… 8 根（80g）
水 …………… ⅙杯（30ml）
蒜泥 ………………… 1 大匙
粗辣椒粉 ………… 2 大匙
黃砂糖 …………… ⅔ 大匙
芝麻鹽 …… 2 又 ½ 大匙
一般醬油 …… ⅓ 杯（70g）
湯用醬油 …… ⅓杯（70g）
香油 ………………… 2 大匙

製作調味醬

1 將蔥切成1cm長、青陽辣椒切成0.5cm厚的粗末。

2 將蔥與青陽辣椒、蒜泥放入缽盆裡。

以芝麻鹽與辣椒粉來做濃度調整。

3 加入粗辣椒粉、黃砂糖、芝麻鹽攪拌。

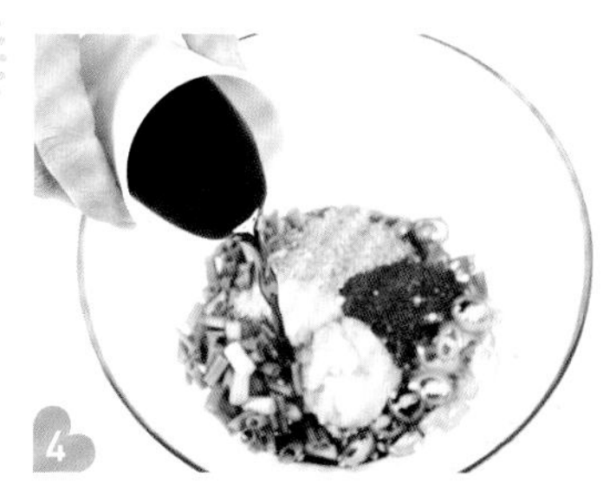

4 加入一般醬油與湯用醬油調味。

5 加入一點點水，使味道變得柔和。

6 倒入香油拌勻即可完成。

白老師的tip

提到宴會麵，一般普遍認為高湯最為重要，但其實調味醬的重要性一點也不亞於高湯。只要調味醬調製得宜，哪怕只用清水作為湯頭，也能吃得到好味道。
調製調味醬的核心在於先將大量的蔥、辣椒、芝麻鹽等拌勻，最後再加入醬油來調味。

材料（4人份）

乾麵線 ················ 400g
水 ········ 21杯（3780ml）
（湯頭用 10杯、下麵用 11杯）
洋蔥 ·········· 1顆（250g）
櫛瓜 ·········· 1條（320g）
紅蘿蔔 ······· ½杯（60g）
香菇 ·········· 5朵（100g）
雞蛋 ······················ 2顆
一般醬油 ····· ⅓杯（70g）
湯用醬油 ····· ⅓杯（70g）
鹽 ······················ ⅓大匙

宴會麵

1 將洋蔥與香菇切成0.3cm厚，紅蘿蔔與櫛瓜切成0.3厚的細絲。

2 將10杯水倒入鍋中，水煮滾後加入一般醬油與湯用醬油調味。

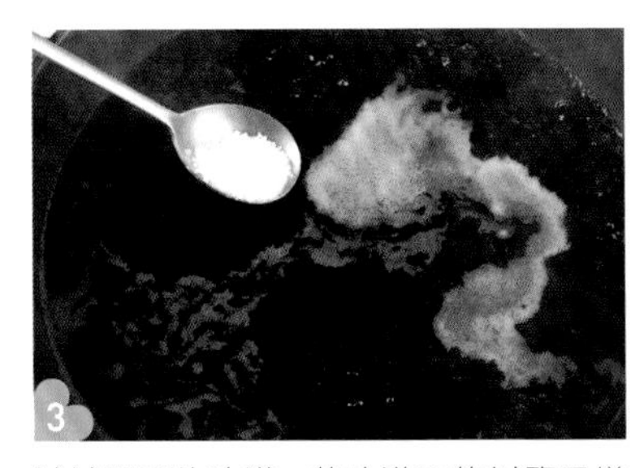

3 試試湯頭的味道，若味道不夠以鹽巴增加鹹味。

4 將蔬菜倒入完成調味的湯頭裡煮，煮至蔬菜熟透。

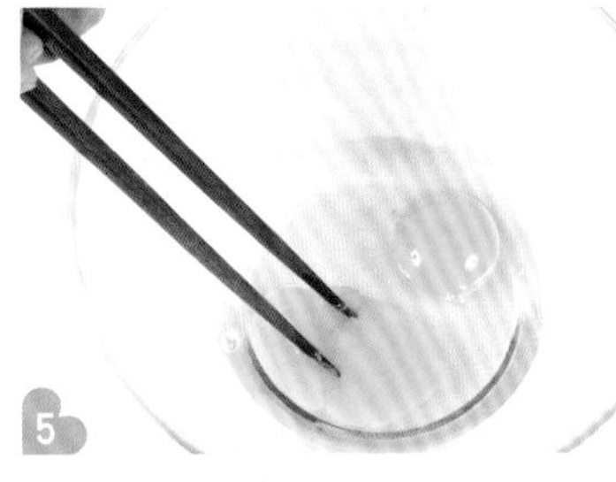

5 在缽盆中打入雞蛋。

6 將蛋液邊攪拌邊倒入高湯中後關火。

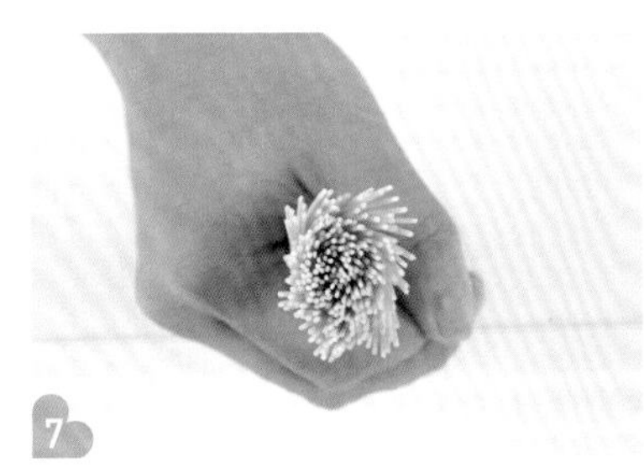

7 備妥要進行調理的麵線。1束橫切面約為50元硬幣大小的麵線相當於1人份。

8 取10杯水倒入深鍋並煮至沸騰，將麵條散放入鍋中，煮麵的過程以筷子進行攪拌，以免麵條結塊。

一般來說，宴會麵的湯頭可使用鯷魚、小魚乾、乾蝦仁等海鮮乾貨，亦或是肉類加入洋蔥或白蘿蔔等蔬菜來熬製，熬煮時間為1小時以上。而這裡介紹的方法，是使用裝飾菜料來熬煮湯頭，如此就能同時準備宴會麵的湯頭與裝飾菜料。

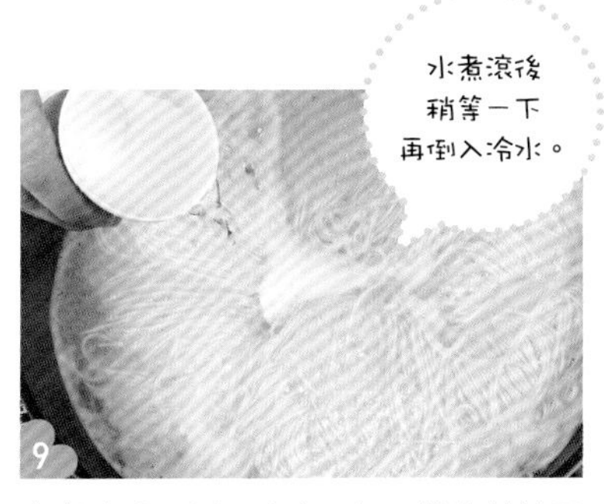

水煮滾後，倒入冷水½杯，繼續以筷子攪拌麵線，直到鍋內水再次沸騰。

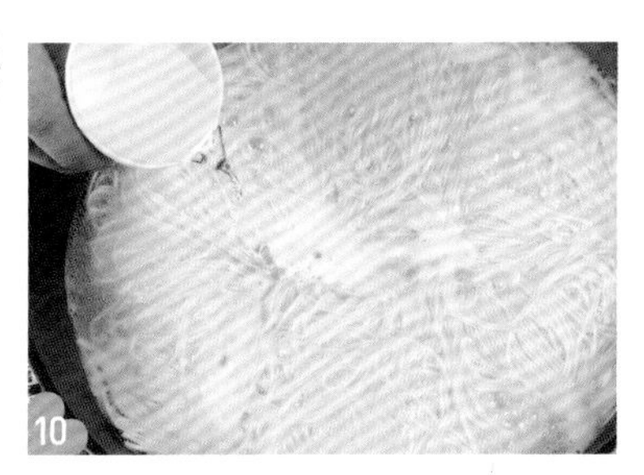

等鍋內的水再次沸騰，再次倒入冷水½杯，並繼續以筷子攪拌麵線。

鍋內水沸騰第三次時，即可關火並取出麵線。

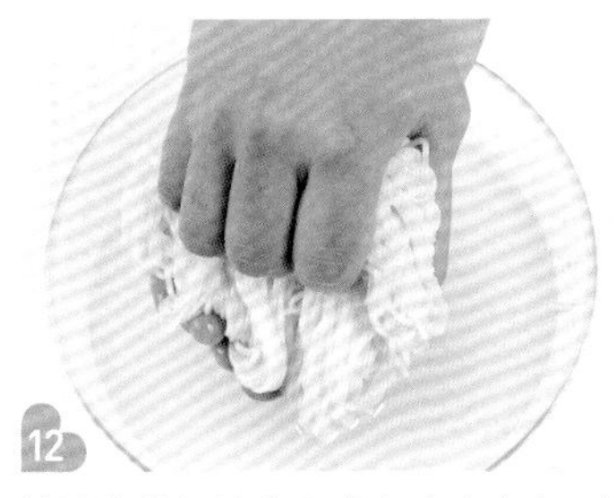

快速地將麵線放入冷水或冰水中，並用力攪拌沖洗掉澱粉質後，取出麵線瀝乾水分。

以拇指和食指抓起麵線，邊轉動邊放入碗裡。

將高湯與菜料放入裝有麵線的碗裡，最後淋上調味醬即可完成。

記得要先備妥調味醬和高湯再煮麵線。如果先下麵煮的話，麵條會軟爛不好吃。另外，想要煮出彈牙可口的麵線，就要記得兩項要訣：第一，煮麵時要加入2次冷水。第二，麵條過冷水沖洗時，一定要用力攪拌沖洗，這樣才能去除掉麵條上的澱粉質。

涼拌冷麵

Point
這道涼拌麵好吃又容易製作，
泡菜配上辣椒醬的甜辣滋味，真是爽口好吃。

材料（4人份）

乾麵線 …………………… 400g
水 …………… 11 杯（1980ml）
泡菜 …… 2 又$\frac{2}{3}$杯（約 350g）
黃砂糖 ………………… 2 大匙
一般醬油 …………… 4 大匙
辣椒醬 ………………… 2 大匙
粗辣椒粉 …………… 2 大匙
調味碎海苔 …………… 1 杯
香油 …………… 1 又$\frac{1}{2}$大匙

1. 將煮好的麵線快速放入冷水或冰水中，並用力攪拌沖洗掉澱粉質，取出麵線並瀝乾水分。（請參照132～133頁）

2. 將泡菜放入缽盆裡，並以剪刀剪成1.5cm長。

3. 將麵線放入裝有泡菜的缽盆裡。

4. 倒入黃砂糖與一般醬油並攪拌均勻。

5. 倒入辣椒醬攪拌均勻。

6. 加入粗辣椒粉增添色彩。

7. 加入香油增添香氣與光澤。

8. 另取碗盛裝拌好的麵線，最後再撒上調味碎海苔即可。

蘿蔔葉水冷麵

Point 可以利用海帶冷湯與小黃瓜冷湯來進行料理，
最適合搭配烤肉一起享用，
能夠沖淡吃完烤肉後口中的油膩感。

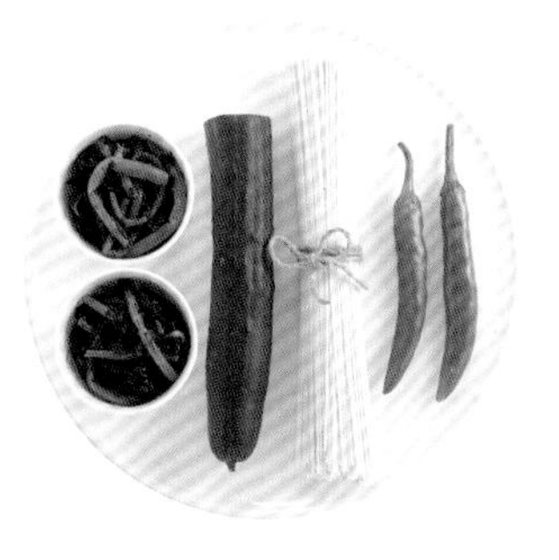

材料（4人份）

乾麵線 ………………… 400g
水 ………… 17杯（3060ml）
（下麵用 11杯、冷湯用 6杯）
蘿蔔葉泡菜 … 2杯（240g）
小黃瓜 ……… 2杯（190g）
青陽辣椒 ……… 2根（20g）
一般醬油 …… ⅓杯（60ml）
醋 ……………… ½杯（90ml）
黃砂糖 ……… ½杯（70g）
蒜泥 ………………… ½大匙
四方形冰塊 ………… 16個
芝麻鹽 ……………… ½大匙

1 將煮好的麵線快速放入冷水或冰水中，並用力攪拌沖洗掉澱粉質，取出麵條並瀝乾水分。（請參照132～133頁）

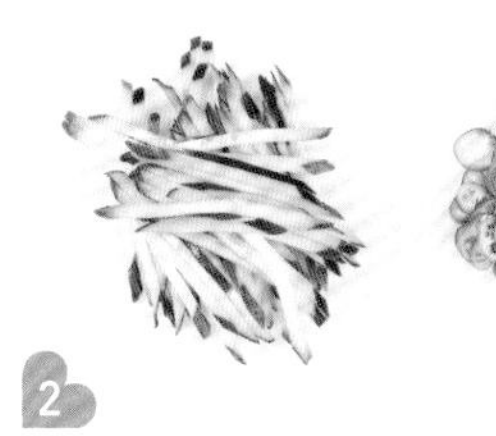

2 將小黃瓜切成5cm長、0.5cm厚的細絲，青陽辣椒則切成0.3cm厚的粗末。

3 將一般醬油、醋、水6杯、黃砂糖放入缽盆裡並拌勻成冷麵湯。

4 將小黃瓜與青陽辣椒放入冷麵湯。

5 將蒜泥放入冷麵湯。

6 以剪刀將蘿蔔葉泡菜剪成4cm長後，再放入冷麵湯裡。

由於冷麵湯裡有冰塊、麵條、蔬菜等大量口味清淡的食材，會沖淡整體味道，所以在調製冷麵湯時，一開始的調味要下重一些。另外，如果喜歡清澈的湯頭，可以利用鹽來代替醬油調味。

7 將冰塊放入冷麵湯裡並攪拌。

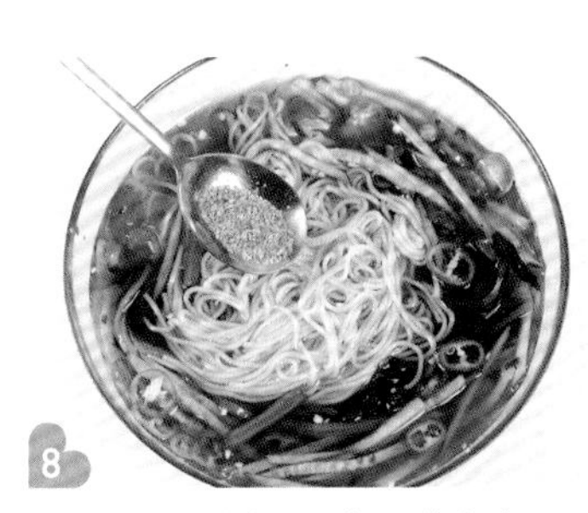

8 將麵條放入冷麵湯，加入芝麻鹽即可。

煎餃

Point

冷凍水餃的高級變身！
只要在煎煮冷凍水餃時加入一些巧思，
就可以吃到不一樣的美味。

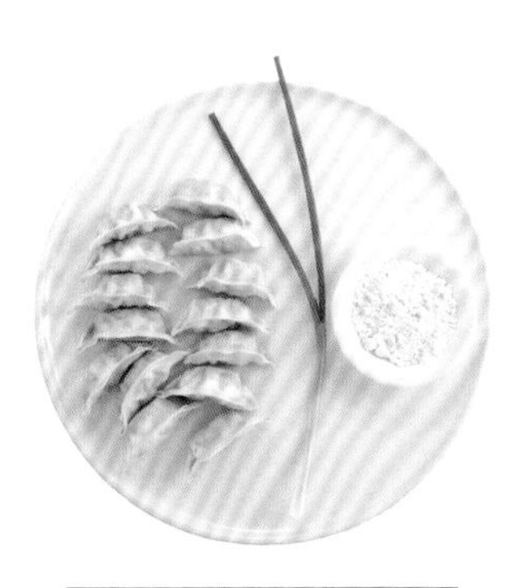

材料（4人份）

市售餃子 ………………… 14個
蔥 ………………… 2大匙（8g）
水 ………………… ¼杯（45ml）
煎餅粉 ………… 1又½大匙
食用油 ………………… 2大匙

1 將蔥切成0.3cm厚的蔥末。

2 煎餅粉和水調勻備用。

一定要使用不沾鍋！

3 將餃子整齊排放在平底鍋裡。

4 將食用油均勻淋在每個餃子之間，開小火煎餃子。

5 等到平底鍋溫度升高後，在餃子間的空隙淋上煎餅粉水。煎餅粉水的水量要能讓餃子與餃子相連起來。

6 將蔥撒在餃子上。

7 蓋上鍋蓋煎煮3～4分鐘左右，等餃子全都熟透即可完成。

白老師的tip

將煎餃盛裝到盤子上，以相同大小的盤子重疊並翻面的話，就會看不到餃子的形狀，使料理看起來像煎餅。

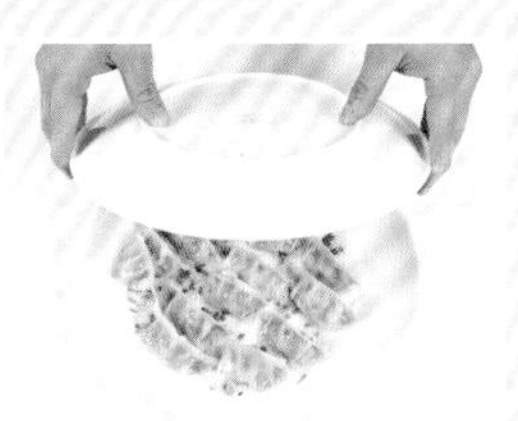

要直接使用市售冷凍水餃煎煮時，先將餃子放入不沾鍋裡，再放入食用油並以小火煎煮，等到餃子開始變熟時再放入足量的水，並蓋上鍋蓋悶煮直到熟透即可。

簡易西式豬排

Point 這道美味的西式豬排，

承載了70、80年代回憶中的滋味，

並重新化身為年輕世代的家常菜新口味。

材料（4人份）

豬里肌肉 …… 80g 4 塊（320g）
麵粉 ………………… ⅓ 杯（40g）
雞蛋 ………………………… 1 顆
麵包粉 ……………… 2 杯（90g）
鹽 ……………………………… 少許
胡椒粉 ………………………… 少許

肉排用肉並不侷限任何一種部位，不過我們多半使用有一定大小又好成形的里肌肉來做西式豬排。而日式豬排則常用豬腰內肉。
若想做司機食堂經常出現的那種大片豬排，只要用重180g的厚片肉排來料理即可。
可以將沾好麵包粉的豬排疊起來，並裝進乾淨的密封袋裡，放入冰箱冷凍保存。

準備豬排用肉

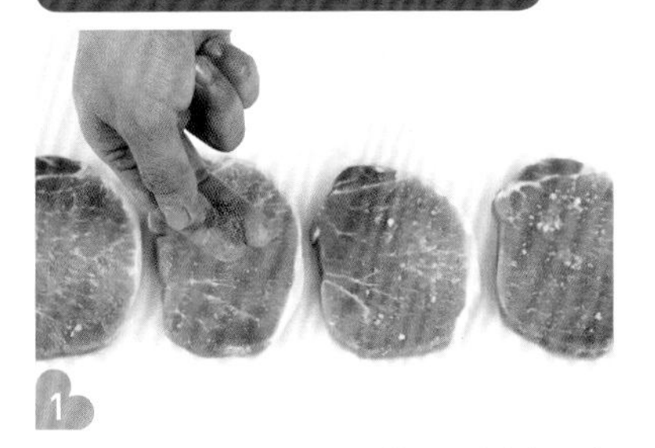

1 將豬排用肉整齊攤開並排好，以鹽巴與胡椒粉醃肉。

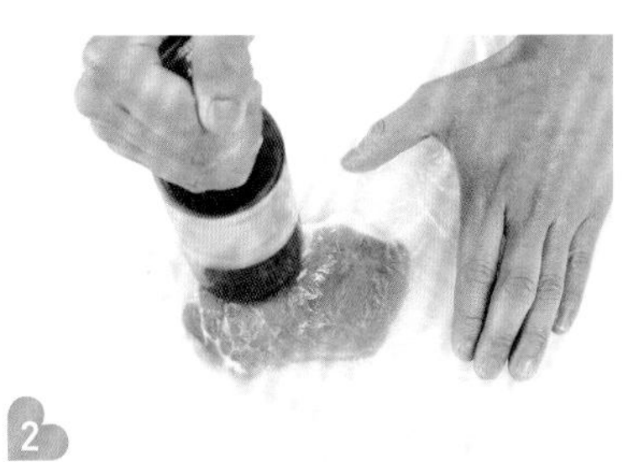

2 將醃好的豬肉放入保鮮袋裡，直立玻璃瓶用瓶底用力敲打豬肉，將豬肉敲扁到直徑為12cm左右。

3 另取保鮮袋放入拍打過的豬排肉，放進冰箱冷藏醒肉1小時。

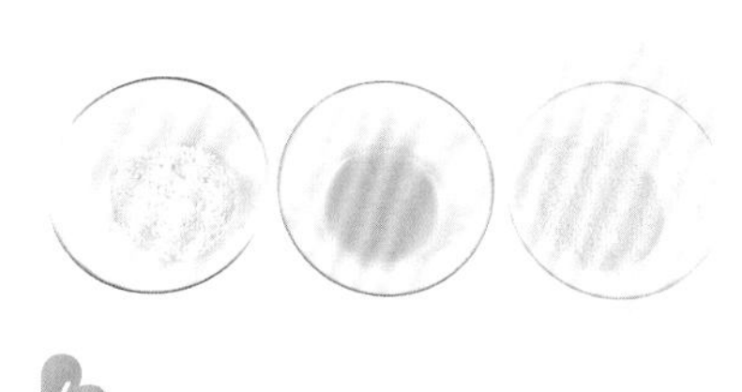

4 分別取碗盛裝麵粉、蛋液、麵包粉備用。

5 從冰箱取出肉排並均勻沾裹上麵粉，稍微抖動肉排以去除多餘的麵粉。

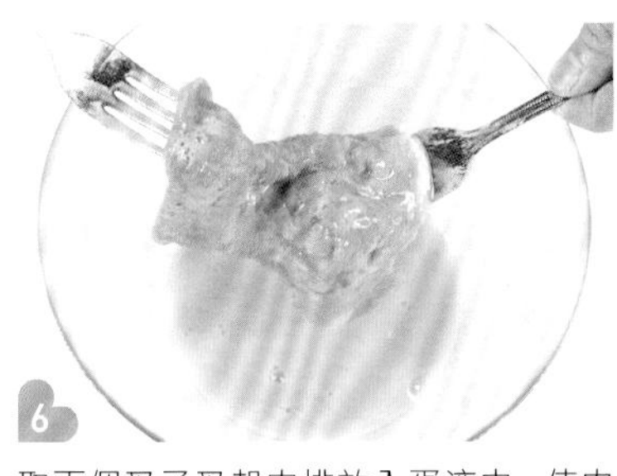

6 取兩個叉子叉起肉排放入蛋液中，使肉排均勻沾裹上蛋液。

7 以麵包粉覆蓋沾上蛋液的肉排，並用手用力按壓。

8 將沾有麵包粉的肉排整齊擺放在烤盤上。

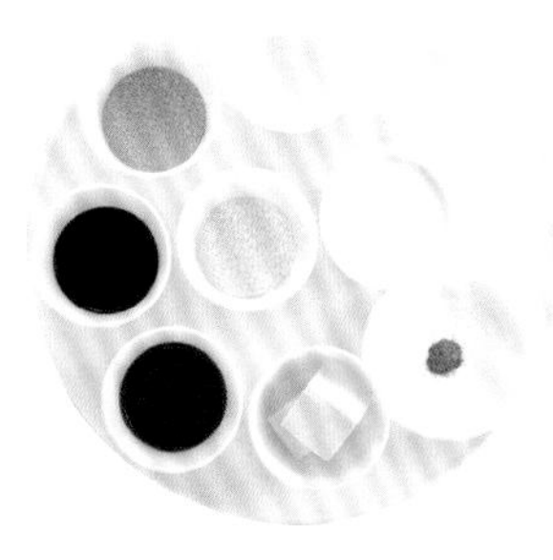

材料（4人份）

水 ………… 2 杯（360ml）
伍斯特醬 ………… 6 大匙
番茄醬 …… ⅔ 杯（140g）
麵粉 ………………… 5 大匙
奶油 ……………………… 55g
牛奶 ……… 1 杯（180ml）
黃砂糖 ……………… 4 大匙
胡椒粉 ………………… 少許

調製多蜜醬汁

1 將水、伍斯特醬、番茄醬放入缽盆裡拌勻，製成調味醬。

2 將麵粉與奶油放入寬口鍋。

3 以小火加熱麵粉與奶油，一邊攪拌煮成麵糊。

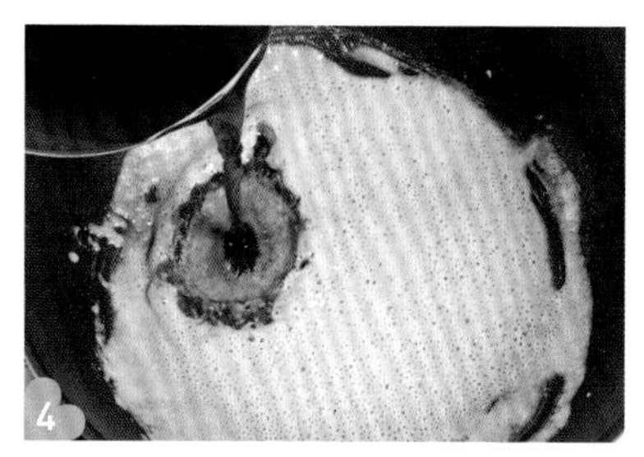

4 當麵糊變成淺褐色時，將調好的調味醬倒入，攪拌使其不凝結成塊。

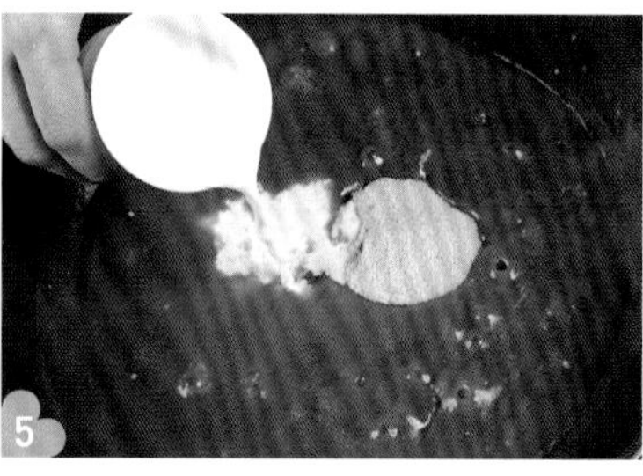

5 煮滾麵糊並倒入牛奶與黃砂糖一起煮，同時慢慢攪拌，直到產生黏性。

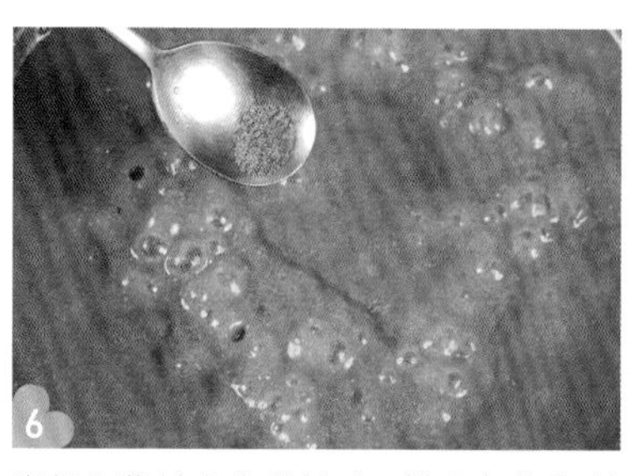

6 當鍋內醬料產生黏性時，撒入胡椒粉並拌勻即可完成。

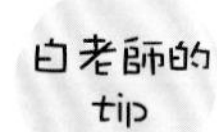

如果沒有伍斯特醬，可改用一般醬油⅓杯、醋4大匙，並以相同方式進行調理，就可做出相似的味道。
製作麵糊時一定要記得仔細拌勻，不要使麵糊結塊，而要放入麵糊的調味醬也要先加水好好攪拌均勻才行。

炸豬排

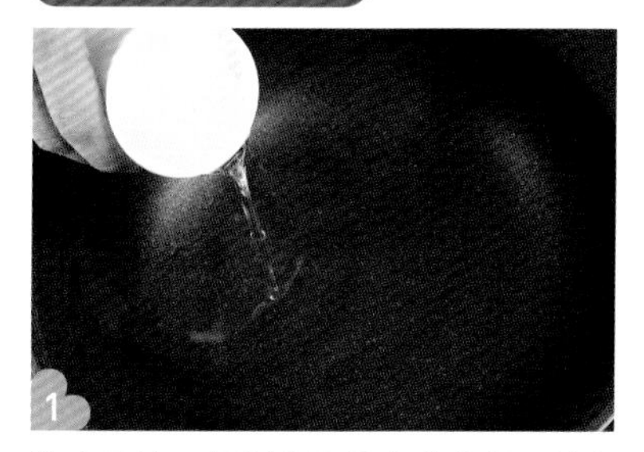

將食用油10杯倒入深且寬的鍋裡，以大火熱油至160～170度左右。

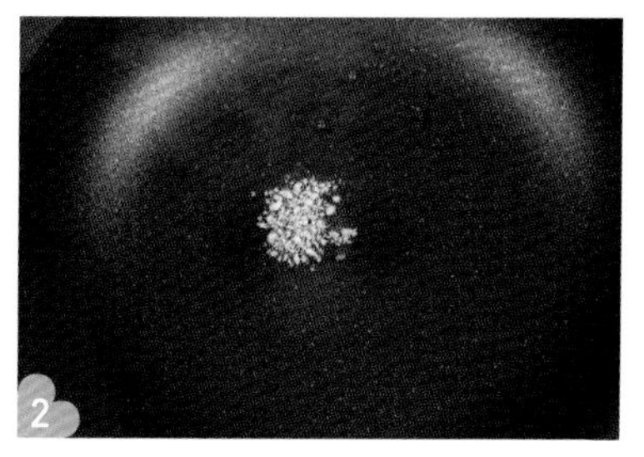

先放入一小撮麵包粉到油鍋裡確認油溫。如果麵包粉在3秒內浮起，表示已達到適當的油溫。

將已沾取麵衣的豬排以雙手抓好，並從油鍋邊緣慢慢放入油炸。

等豬排幾乎全熟並浮起時翻面，油炸到呈現金黃色。

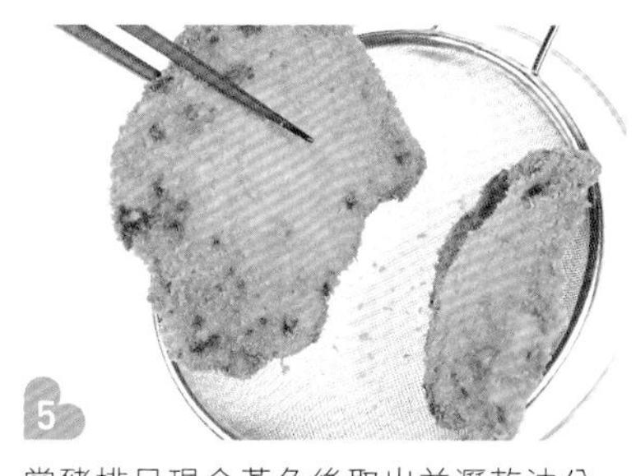

當豬排呈現金黃色後取出並瀝乾油分，稍置一旁冷卻。

將豬排盛裝到盤子上，並將彎曲的部分朝上，淋上醬汁並搭配沙拉等擺盤。

白老師的 tip

炸豬排的時候，千萬不要吝惜炸油的用量，一定要使用足量的炸油才行。炸完豬排的炸油在過濾掉雜質以後，還可以使用兩到三次。
豬排有時候會黏鍋，油炸時請務必注意。
另外，炸豬排的時候並不需要常常翻面，只要等到豬排差不多熟、呈現金黃色光澤並浮起來時再翻面即可。
可將炸好的豬排立起來瀝油，這樣能夠瀝除大部分的油分，並使豬排的口感保持酥脆。

奶油濃湯

Point 利用炒過的麵粉和奶油，在家也能製作的奶油濃湯，
不如搭配上麵包丁一起享用，更加豐富飽足。

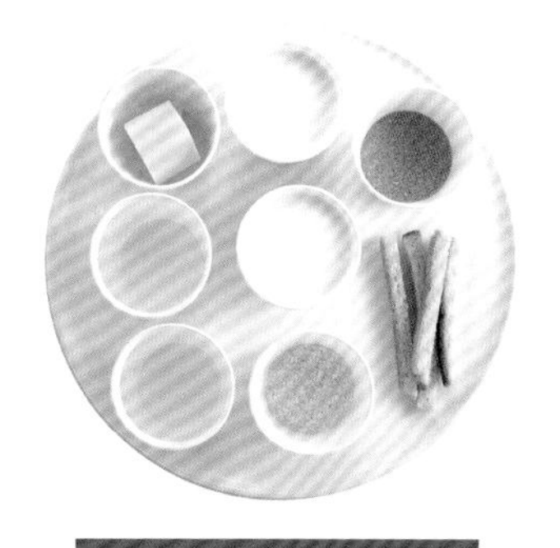

材料（4人份）

吐司邊 ………… 1杯（24g）
食用油 ……… 1杯（180ml）
麵粉 …………………… 5大匙
水 ……………… 2杯（360ml）
牛奶 ………… 2杯（360ml）
奶油 ……………………… 55g
鹽 ……………………… ½大匙
胡椒粉 …………………… 少許

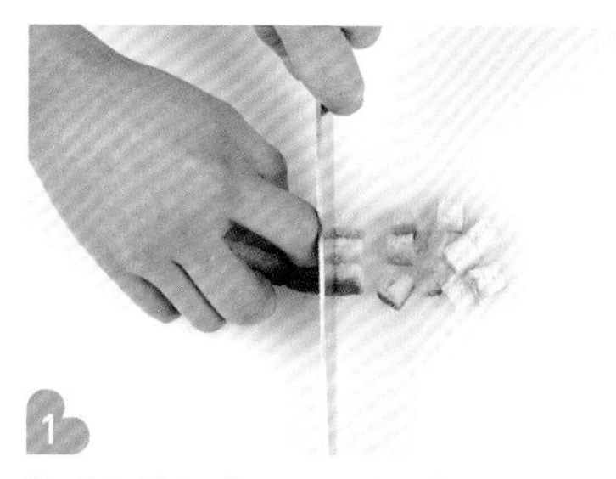

將吐司邊切成1cm厚的長條，然後再切成1cm大的麵包丁。

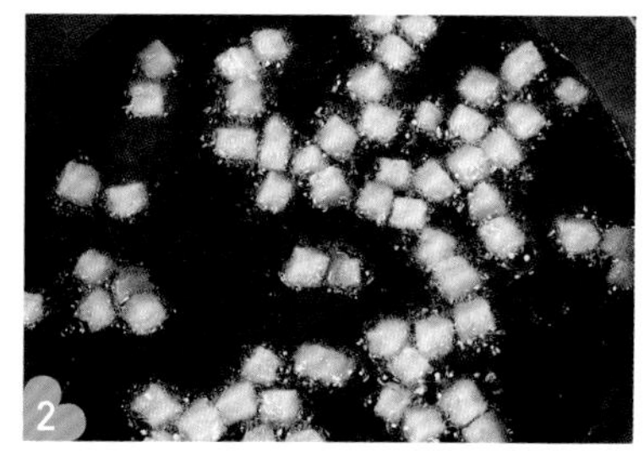

以大火熱油，再將麵包丁放入油鍋裡炸至呈現金黃色。

取出麵包丁瀝油備用。

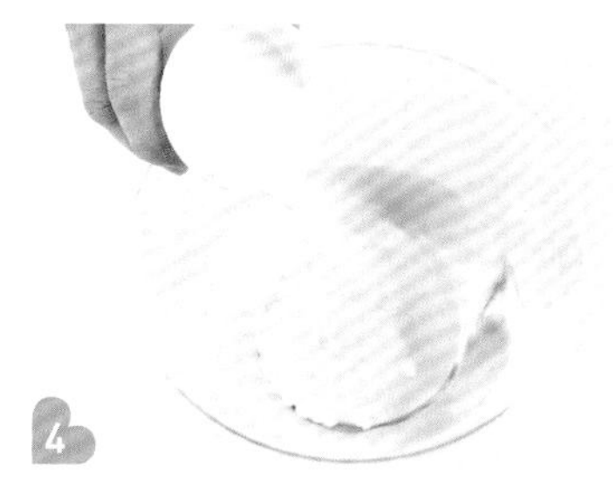

將水與牛奶倒入缽盆裡拌勻。

炒過頭
濃湯的顏色
就會變深。

將奶油與麵粉放入寬口鍋，一邊攪拌、一邊以小火拌炒到變成淺褐色的麵糊。

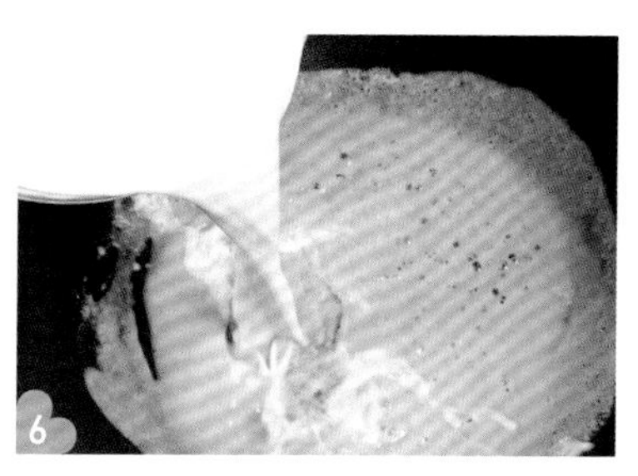

將牛奶倒入淺褐色的麵糊中繼續攪拌。

白老師的tip

步驟1～3為麵包丁的製作過程，這只是為了讓濃湯更美觀好看，可以省略。
濃湯若只用鹽來調味，就吃不到傳統西式濃湯的味道，若您喜歡舊式口味的話，可以再加入一些調味料。

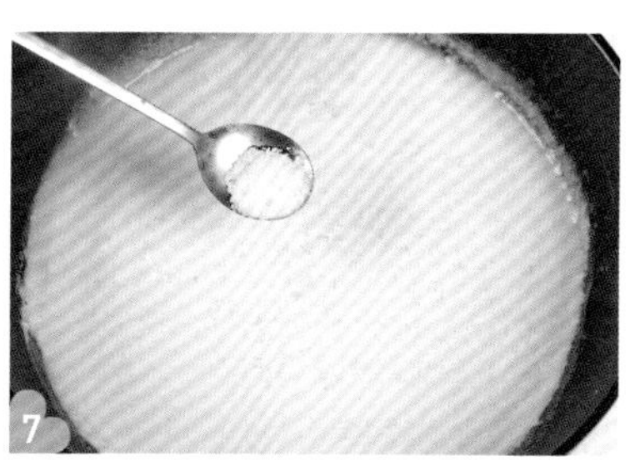

等到鍋內湯汁產生黏性，放入鹽調味。

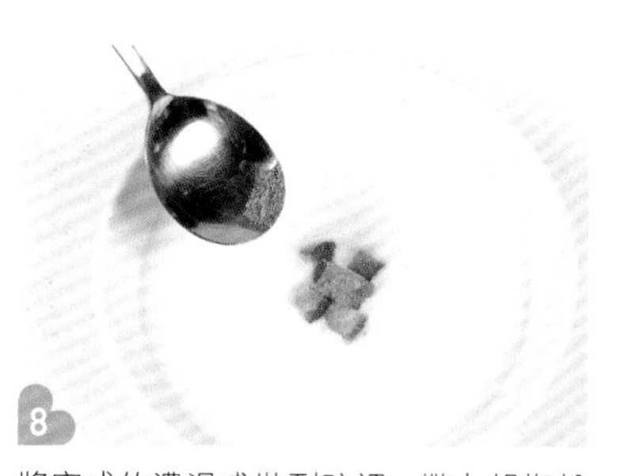

將完成的濃湯盛裝到碗裡，撒上胡椒粉並放入麵包丁即可完成。

通心粉沙拉

Point 喚起傳統西餐廳味道的通心粉沙拉。
通心粉原本是義大利麵的一種，
但也經常被用來作為沙拉用食材。

材料（4人份）

通心粉 ‥ 1又½杯（約200g）
水 ‥‥‥‥ 11杯（1980ml）
紅蘿蔔 ‥‥‥‥ 1/7根（40g）
洋蔥 ‥‥‥‥ 1/6顆（約40g）
醃黃蘿蔔 ‥‥‥ ⅓杯（30g）
芹菜 ‥‥‥‥ 2大匙（16g）
美乃滋 ‥‥‥‥ 1杯（180g）
黃砂糖 ‥‥‥‥ 1又½大匙
胡椒粉 ‥‥‥‥‥‥ 少許

1 將醃黃蘿蔔、洋蔥、芹菜切成0.3cm厚的丁塊，而紅蘿蔔則切成四邊0.7cm長的骰子狀。

2 用鍋子煮水，等鍋內熱水煮滾時，放入通心粉煮約15分鐘。

3 將煮熟的通心粉撈起並瀝乾水分。

4 將紅蘿蔔、洋蔥、醃黃蘿蔔、芹菜、通心粉放入缽盆裡拌勻。

5 倒入黃砂糖、胡椒粉、美乃滋。

6 一邊轉動缽盆，一邊將食材拌勻即可。

白老師的tip

要想把通心粉煮出Q彈有咬勁的口感，就一定要在滾水中充分煮上15～20分鐘才行。
沙拉裡放入芹菜末的話，能營造出異國風味，當然省略也無妨。

馬鈴薯沙拉

Point 想做好這道馬鈴薯沙拉，
一定要注意拌入食材的順序與溫度。
要趁熱放入的食材、冷卻後才放的食材，
這兩種務必要區分開來。

材料（4人份）

馬鈴薯 …… 3顆（540g）
水 …… 11杯（1980ml）
紅蘿蔔 …… 2大匙（30g）
洋蔥 …… ⅙顆（約40g）
醃黃蘿蔔 …… ⅓杯（30g）
美乃滋 …… 1杯（180g）
黃砂糖 …… 2大匙
醋 …… 3大匙
胡椒粉 …… 少許

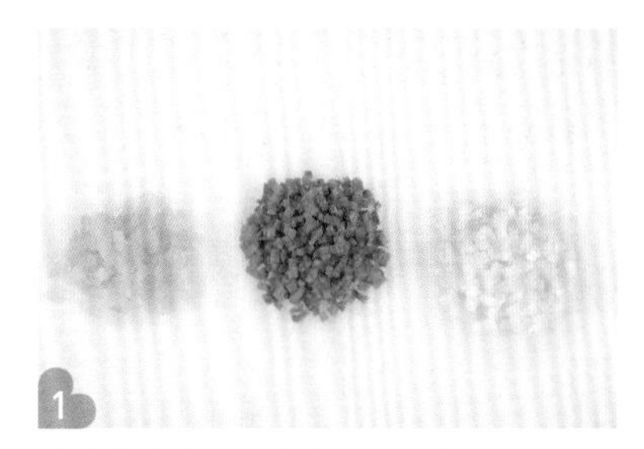

1 將醃黃蘿蔔、紅蘿蔔、洋蔥切成0.3cm厚的長條，再切成小丁塊。

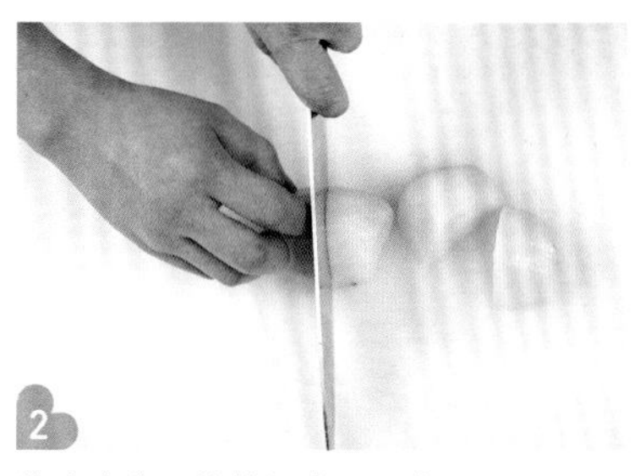

2 將去皮的馬鈴薯切成2～4等分。

3 馬鈴薯放入滾水中煮約15分鐘，直到馬鈴薯熟透。

4 用夾子將馬鈴薯從熱水中取出，放入缽盆裡以勺子按壓。

5 當馬鈴薯壓碎到一定程度時，放入洋蔥丁拌勻。

6 等馬鈴薯冷卻到室溫，倒入紅蘿蔔與醃黃蘿蔔並拌勻。

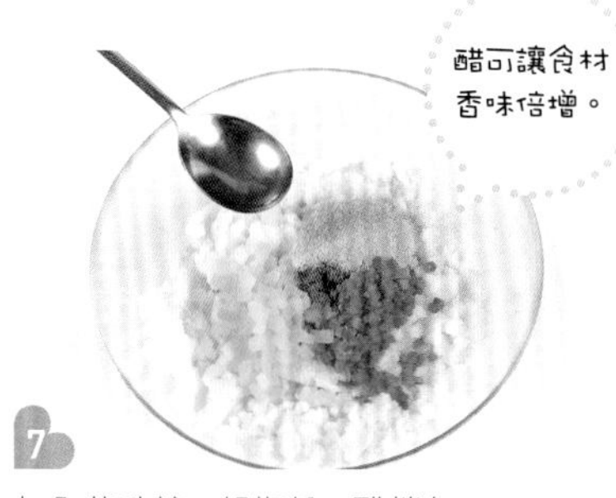

7 加入黃砂糖、胡椒粉、醋拌勻。

8 將與蔬菜和調味料充分拌勻的馬鈴薯泥放入冰箱，冷卻後加入美乃滋一邊轉動缽盆，一邊將食材拌勻即可完成。

趁熱將洋蔥加入馬鈴薯並攪拌均勻，就能帶出洋蔥的香氣，並增添洋蔥獨特的辛辣滋味。
相反地，紅蘿蔔和醃黃蘿蔔若在馬鈴薯正熱時拌入便會出水，所以要等到馬鈴薯冷卻以後再拌入為佳。

豬排三明治

Point 使用市售豬排做成的特別點心，
特別推薦給懶得直接製作炸豬排和豬排醬的人。

材料（4人份）

市售冷凍豬排 ······· 150g 4片（600g）
食用油 ························ 6杯（1080ml）
吐司 ·· 8片
美乃滋 ································ 4大匙
多蜜醬汁 ···························· 4大匙

將食用油倒入深且寬的鍋裡，以大火熱油至160～170度左右。

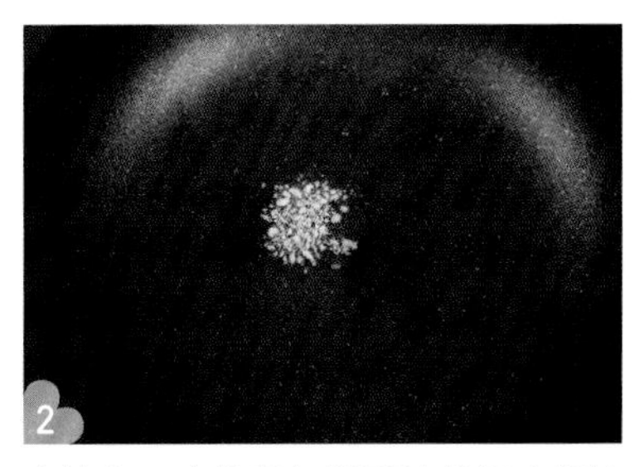

先放入一小撮麵包粉到油鍋裡確認油溫。如果麵包粉在3秒內浮起，表示已達到適當的油溫。

將冷凍豬排放入油鍋中油炸。

等豬排幾乎全熟並浮起時將豬排翻面，油炸到呈現金黃色。

當豬排前後都呈現金黃色時，取出立起來瀝油。

將吐司的其中一面均勻抹上美乃滋。

將豬排放在美乃滋上，並在豬排上塗抹多蜜醬汁。

再取一片吐司蓋在豬排上，並用力將食材按壓緊實，切成適合入口的大小。

索引